# "一带一路"未来极端天气气候预估研究

张井勇　庄园煌　张丽霞　陈　丰
陈敏鹏　顾佰和　谭显春　　　　著

U0236044

气象出版社
China Meteorological Press

## 内容简介

本书聚焦于"一带一路"主要合作区域，基于18个全球耦合模式输出结果的0.25°×0.25°降尺度数据，集合预估了中等与高排放情景下未来20年、21世纪中叶以及21世纪末极端天气气候变化。第1章主要回顾了"一带一路"极端天气气候预估、影响及适应的研究进展。第2章评估了18个全球模式降尺度结果对研究区域历史时期12个指数表征的极端天气气候事件的模拟能力。第3章和第4章对未来"一带一路"地区温度与降水表征的极端天气气候变化开展了系统预估。第5章以瓜达尔港为例研究了当前与未来"一带一路"合作项目所在地平均与极端气候变化及影响，并提供了相应的对策建议。第6章简要总结了研究的结果并给出了对未来的展望。希望本书能够为相关国家与地区科学防范、减轻和治理极端天气气候灾害影响及提升气候变化风险管理能力，促进绿色美丽、高质量"一带一路"建设以及全球可持续共同发展提供参考。

本书可供政府决策部门、"一带一路"与气候变化领域学者、高校师生、企事业管理与技术人员以及感兴趣的各界人士参考。

**图书在版编目(CIP)数据**

"一带一路"未来极端天气气候预估研究 / 张井勇
等著. — 北京：气象出版社，2019.8
　　ISBN 978-7-5029-7032-1

Ⅰ.①一⋯　Ⅱ.①张⋯　Ⅲ.①气候异常-气候预测-
研究　Ⅳ.①P46

中国版本图书馆 CIP 数据核字(2019)第 184500 号

"Yi Dai Yi Lu" Weilai Jiduan Tianqi Qihou Yugu Yanjiu
**"一带一路"未来极端天气气候预估研究**

| | | | |
|---|---|---|---|
| 出版发行：气象出版社 | | | |
| 地　　址：北京市海淀区中关村南大街 46 号 | | 邮政编码：100081 | |
| 电　　话：010-68407112(总编室)　010-68408042(发行部) | | | |
| 网　　址：http://www.qxcbs.com | | **E-mail：** qxcbs@cma.gov.cn | |
| 责任编辑：王萃萃　李太宇 | | 终　　审：吴晓鹏 | |
| 责任校对：王丽梅 | | 责任技编：赵相宁 | |
| 封面设计：博雅思企划 | | | |
| 印　　刷：北京建宏印刷有限公司 | | | |
| 开　　本：787 mm×1092 mm　1/16 | | 印　　张：14.125 | |
| 字　　数：240 千字 | | | |
| 版　　次：2019 年 8 月第 1 版 | | 印　　次：2019 年 8 月第 1 次印刷 | |
| 定　　价：110.00 元 | | | |

# 前　言

2019 年 4 月,在习近平主席提出"一带一路"倡议 6 年之际,旨在推动共建"一带一路"实现更高质量发展、开创更美好未来的第二届国际合作高峰论坛在北京成功召开。近 6 年来,以"共商、共建、共享"为基本原则,以"政策沟通、设施联通、贸易畅通、资金融通、民心相通"为合作重点,秉持并弘扬"和平合作、开放包容、互学互鉴、互利共赢"的丝绸之路精神,务实合作不断推进与加深,"一带一路"建设取得了举世瞩目的成果,有力地促进了相关国家、地区与全球共同发展。不断走深走实的"一带一路"建设已成为全球最宏大与广受欢迎的公共合作平台,推动着国际社会向命运与利益共同体方向不断迈进。

同时,我们也生活在一个挑战与风险重重的时代,不仅需要应对传统挑战与问题,而且面临气候变化等新风险。"一带一路"区域不仅受到气候变化与极端气象灾害的深重影响,也是全球温室气体排放的重要源区。科学应对"一带一路"建设过程中面临的气候变化与极端天气气候灾害,对实现 2030 年可持续发展目标,推进全球绿色永续发展与生态文明建设具有重要意义。但是,目前我们对"一带一路"气候变化与极端天气气候的科学研究与认识远不能满足推动"一带一路"建设不断迈进的需要。

2018 年 10 月与 2019 年 3 月,我们分别出版了《"一带一路"主要地区气候变化与极端事件时空特征研究》和《"一带一路"主要区域未来气候变化预估研究》。前者系统分析了近 30 年来"一带一路"主要地区气候变化与极端气象事件的时空演变格局,提供了变化的科学事实与关键区;后者则系统地开展了气候变化的预估研究,提供了不同排放情景下未来不同时期平均气候变化信息。在上述研究的基础上,本书将聚焦于"一带一路"主要合作区域,系统开展极端天气气候变化预估研究,以期揭示出未来变化的特征及关键区。同时,以巴基斯坦的瓜达尔港为例,研究"一带一路"合作项目所在地的气候变化与极端天气气候及其影响,并进一步提出相应的应对策略。

本书各章安排如下:第 1 章对"一带一路"极端天气气候未来预估、影响及适应方面的研究进展进行了回顾;第 2 章评估了 18 个全球气候/地球系统耦合模式输出结果的降尺度资料对"一带一路"历史阶段极端天气气候的模拟能力;第 3 章和第 4 章分别对温度[①]与降水表征的极端天气气候未来变化格局进行了预估;第 5 章以瓜达尔港为例评估了"一带一路"合作项目所在地的气候变化与极端天气气候及其影响并进行了对策分析;第 6 章总结了第 2~5 章的成果并给出了未来展望。

本书由张井勇研究员设计并组织实施。第 1 章由张井勇研究员、张丽霞副研究员、硕士研究生陈丰与陈敏鹏教授撰写;第 2~4 章由张井勇研究员与博士研究生庄园煌完成;第 5 章由张井勇研究员、博士研究生庄园煌、顾佰和助理研究员与谭显春研究员共同完成;第 6 章由张井勇研究员撰写;张井勇研究员对全书内容进行了统稿。

国家重点研发计划项目(2018YFA0606501,2017YFA0603601)与中国科学院"一带一路"气候变化国际合作专项(134111KYSB20160010)为本书研究和出版提供了资助。感谢编辑的辛勤工作,使得本书得以更好地呈现给大家。

"一带一路"已进入全面扎实推进新阶段,正在向更高质量、更高水平建设迈进,未来前景将更加美好。衷心期望我们的系列研究成果能够为在共建绿色美丽"一带一路"过程中合力有序应对气候变化及极端事件、有效防控气候灾害风险以及促进可持续共同发展与生态文明建设提供一定的科学支撑。最后,敬请广大读者对书中错漏及不当之处进行批评指正。

张井勇

中国科学院大气物理研究所

中国科学院大学地球与行星科学学院

2019 年 5 月

---

① 这里和书中所提"温度"指气温。

# 目　　录

# 第1章

# "一带一路"主要合作区域极端天气气候未来预估研究进展

# 1.1 引　言

　　2019年4月底,在习近平主席提出"一带一路"重大合作倡议6年之际,来自超过150个国家与92个国际组织的领导人、代表与嘉宾齐聚北京参加第二届国际合作高峰论坛,共同推动"一带一路"建设实现更高质量、更高水平发展,开创更美好未来。《共建"一带一路"倡议进展、贡献与展望》报告显示,"一带一路"倡议提出以来重点聚焦亚、欧、非大陆,更向全球合作伙伴开放,已发展成为最宏大的共商共建共享国际合作平台,为全球共同发展做出了实实在在的贡献,不断推动人类社会向构建命运共同体的愿景迈进(推进"一带一路"建设工作领导小组办公室,2019)。第二届国际高峰论坛凝聚了更广泛共识,丰富了合作理念,明确了未来合作重点,强化了伙伴关系与合作机制,筹备与召开期间各方达成超过280项重要务实成果。尤其是强调了绿色可持续理念在未来推动共建"一带一路"高质量、高水平发展中的重要性。

　　自工业化革命以来,人为因素造成的温室气体排放不断增加,全球不断趋于暖化、热化,对人类及自然系统造成的负面影响正在不断加重(IPCC,2014)。自有气象观测记录以来,全球平均温度最高的四个年份为最近四年(2015—2018年),最暖的2016年比工业革命前升温1.2℃(WMO,2019)。基于目前的减缓努力与行动,预计未来几十年全球升温幅度可能将达2~3℃或更高。2018年,超过90%的全球自然灾害造成的经济损失与天气气候灾害相关。加强应对气象灾害风险是全球各国必须共同面对的新挑战及亟须解决的难题(UN Environment,2019;WEF,2019)。

　　最近几十年,"一带一路"地区许多区域升温速率远超全球平均水平,生态环境及人类对气候变化及极端事件脆弱敏感,广大发展中国家应对能力薄弱,受到高温、暴雨、洪水、台风等极端天气气候灾害的深重影响(IPCC,2014;王伟光等,2017;孙健等,2018;张井勇等,2018,2019)。未来,"一带一路"地区农业粮食安全、生态环境安全、人口经济安全等可能将面临更严重的气候变化及极端事件的威胁。在共建"一带一路"过程中需要充分考虑气候变化与极端天气气候灾害风险,共同应对这一非常严峻的共性挑战,合力推动地区与全球的绿色可持续共同发展与生态文明建设(国家发展和改革委员会等,2015;环境保护部等,2017)。但是,目前对"一带一路"地区气候变化与极端天气气候的科学研究与认知远不能满足"一带一路"建设不断推进过程中有力有效有序应对相关风险挑战的需要。

## 1.2 未来极端天气气候预估

全球气候系统变暖不断加剧,高温、暴雨、干旱等极端天气气候灾害日趋增多,冰川与积雪融化,海平面上升,对人类与自然系统造成的影响与威胁越来越严重(IPCC,2014,2018;Mora et al.,2018;姜彤等,2018;Xu et al.,2018;Golledge et al.,2019)。据估计,2017 年与极端天气气候相关的灾害造成的全球经济损失达3260 亿美元,并对人类与地球系统健康造成严重损害(Watts et al.,2018;UN Environment,2019)。

"一带一路"主要合作地区地形地貌、天气气候、生态环境等方面复杂多样,区域差异明显(Guo et al.,2018;刘卫东等,2018;张井勇等,2018)。刚果盆地与马来群岛为热带雨林气候,全年高温多雨;亚非季风区常表现为夏季湿润多雨、冬季干燥少雨的特征;非洲北部、西亚、中亚、中国西北等地区干旱少雨,降水与潜在蒸散发的比值低;青藏高原等地为高山气候,气温比同纬度地区低很多;欧洲南部及非洲北缘为典型地中海气候,表现为冬季湿润、夏季干热的特征;欧洲北部至北亚受到温带海洋性气候、温带与寒带大陆性气候影响,冬季常经受严寒侵袭。同时,"一带一路"不同区域之间存在各种各样的联系与相互影响。例如,世界"第三极"地区自身气候变暖速率快,对周边广大地区的气候、水资源、生态系统、社会经济等产生诸多影响(Gao et al.,2019)。接下来对"一带一路"主要合作区域高温、强降水、干旱等极端天气气候未来预估的相关研究进展进行简要回顾。

在温室气体增温效应影响下,"一带一路"主要合作区域高温热浪事件的强度、频率及发生范围不断增加。东亚、东南亚、南亚等地人口密集,各国社会经济发展处于不同阶段,对极端高温影响高度敏感。到 21 世纪末期,多模式集合平均预估中国日最低温度与日最高温度在 RCP8.5 情景下将升高 5~6℃(Zhou et al.,2014)。预计 21 世纪末的中国,20 a 一遇的最高地表气温强度较当前将大幅度升高(姚遥等,2012)。RCP4.5 情景下,预计 21 世纪末东南亚地区日最高温度平均升高 2℃,将造成高温热浪增多增强(Raghavan et al.,2018)。在非洲,区域模式集合平均结果预估大部分地区高影响的持续热浪将明显增多(Dosio,2017)。随着《巴黎协定》1.5℃低温控目标的提出,1.5℃温控目标较之 2℃目标可避免的风险和可减小的影响逐渐成为过去几年的研究热点。研究表明,较全球升温 1.5℃,

2℃升幅下东亚和南亚季风区日最高温度增幅高于 0.7℃,极端高温事件频率增加 20%,持续时间增加 10%(Chevuturi et al.,2018)。

未来变暖情景下,亚非干旱半干旱地区极端高温事件可能呈现快速增多 (IPCC,2013)。预计北非和西亚地区未来夏季变暖明显,将面对更为极端的高温 (Lelieveld et al.,2016)。到 21 世纪末,预计在 RCP4.5 与 RCP8.5 情景下位于 "中巴经济走廊"的巴基斯坦 6—9 月平均的高温天数将分别达 50 d 与 100 d(Ali et al.,2018)。对于中亚地区而言,研究表明,与全球 1.5℃升温相比,2℃升温时 中亚地区将额外升温 0.73℃,极端高温将加剧(Zhou et al.,2018;Peng et al., 2019)。

20 世纪后半叶以来观测的欧洲地区地表温度升幅高于全球平均,极端高温事 件频率或强度呈增加趋势,且信度较高(IPCC,2013)。无论是 CMIP5 耦合模式、 区域降尺度模式,还是采用未来预估情景及海温异常驱动的大气环流模式试验, 均表明未来预估情景下欧洲极端高温事件将增多。例如,在 RCP8.5 情景下,预计 类似于 2003 年的欧洲高温热浪事件在 21 世纪末将经常发生,且高温热浪事件的增 多可能更多地归因于平均温度的升高(Schoetter et al.,2014;Lau et al.,2014)。

20 世纪 50 年代以来,东亚季风区降水呈现干天增加、小雨减少、强降水增多 的变化趋势(Ma et al.,2015)。研究表明,南亚季风区极端湿期强度增强,而极端 干期频率增加、强度减弱(Singh et al.,2014)。在温室气体强迫下,多模式预估表 明全球平均降水与强降水均随温度升高而增加,且呈现出降水强度越大,对全球 变暖响应越强的特征(Pendergrass et al.,2014)。在南亚、东南亚和东亚季风区, 预计极端强降水随着升温而增强,从而可能引发更多洪涝灾害(Kitoh et al., 2013;Freychet et al.,2015)。Zhang 等(2018)探讨了从 1.5℃到 2℃、3℃和 4℃ 等不同升温目标情景下全球陆地季风区极端降水的变化及其对人的影响。结果 表明,强度极强且影响力高的"危险"极端强降水事件发生频率将显著增加,其中 南亚和西非季风区是受 2℃较之 1.5℃升温目标的 0.5℃额外升温影响最大的敏 感地区。

预估研究表明,亚非干旱-半干旱带极端强降水存在明显的空间差异。中亚地 区极端强降水可能将趋于增加,排放情景浓度越高增加速率越快(Peng et al., 2019)。而北非与西亚地区极端强降水变化呈现有增有减的特征,阿拉伯半岛极 端强降水可能增加(Bucchigani et al.,2018)。

预估研究表明,地中海气候影响的欧洲国家的春季、夏季和秋季极端降水可能减少,而冬季极端降水可能增加,欧洲百年一遇的极端水涝事件在未来 30 a 的发生概率可能会加倍(Jacobeit et al.,2014;Alfieri et al.,2015)。有研究认为,局地动力、热力条件可能在极端强降水随着全球变暖增加过程中扮演重要作用(Hertig et al.,2010),然而由于北大西洋涛动、大西洋多年代际振荡等内部变率、模式不确定性及未来情景差异等原因,使得极端降水事件变化的定量结果存在较大不确定性。

通过影响降水与潜在蒸散,全球变暖可能会导致部分地区干旱到来得更快、强度更强、持续时间更长。干旱-半干旱地区的土壤湿度对全球变暖响应较强,表现出百年尺度的面积扩张及年代际的干湿周期变化。过去几十年,东亚、中亚和北非均表现为显著的湿润、半湿润区向半干旱区转变,即东亚、中亚和北非都出现了半干旱区面积扩大。其中,东亚半干旱区的扩张最为明显,对全球半干旱区扩张贡献了约 50%(Huang et al.,2016)。即使亚非干旱-半干旱带部分地区呈现降水增加,如中国西北地区(Hu et al.,2017;任国玉等,2016),但受全球变暖影响,潜在蒸散增加,仍可能引起土壤湿度表征的干旱增强(Li et al.,2017)。

中等与高排放情景下,全球干旱-半干旱区面积未来可能均表现为扩大(Huang et al.,2016)。预估表明,当未来全球平均升温 2℃时,干旱-半干旱区升温或达 3~4℃。气温升高所导致的粮食减产、水资源缺乏等灾害在干旱-半干旱区尤为严重,这可能将进一步扩大全球社会经济发展的区域差异,将全球升温控制在 1.5℃之内将明显减缓干旱-半干旱区可能面临的灾害程度(Huang et al.,2017)。预计欧洲地区极端强降水及超长持续时间的干旱事件的发生风险都将增加(Christensen et al.,2007;Lehtonen et al.,2014)。此外,在相对湿润并且未来平均降水可能增加的"一带一路"部分区域,由于升温引起潜在蒸散快速增加,也可能导致旱灾趋重(Su et al.,2018)。

## 1.3 极端天气气候影响与适应

### 1.3.1 极端天气气候影响

一般而言,极端天气气候灾害影响由与天气气候相关灾害发生的频率和程度以及承载体——包括人类系统与自然系统的暴露度、脆弱性与适应性决定。最近几十年,增多增强的与天气气候相关的极端事件危害人类健康、生命与福祉,损害生态系统及生物多样性,破坏粮食生产和水供应,损害基础设施和居民点并造成其他方面的损失(IPCC,2014;UN Environment,2019)。近几十年来,与天气气候相关的灾害造成的直接损失和保险损失在全球和区域层面都已大幅度增加(IPCC,2014)。1978—1997 年,灾害造成的经济损失为 1.3 万亿美元;1998—2017 年,天气气候灾害直接经济损失达 2.2 万亿美元(UNISDR,2018)。

极端气象事件引发的灾害会造成作物减产和绝收,并影响或损害粮食生产、储存及传输系统,威胁粮食系统和粮食安全。该影响可通过粮食价格传播,并且部分由食物支出占收入比例较高的全球低收入国家承担(OECD-FAO,2008)。许多发展中国家农业处于经济的主导地位,并以小规模自给农业为主,农民的生计极易受极端天气气候事件的不利影响(Easterling et al.,2005)。

干旱事件加剧水资源短缺,并导致水质恶化,从而影响工农业生产、加剧能源消耗,寻找替代水源也会导致供水成本增加从而影响人类福祉。热浪通过限制碳、氮循环和水供给,造成作物产量损失甚至物种灭亡;干旱显著影响植物的生长分布,并造成植物的死亡率升高(Breshears et al.,2002;Rich et al.,2008)。极端强降水、洪水和风暴潮极易影响交通运输基础设施,破坏公路、铁路、机场和港口,并损害电力基础设施,影响居民、企业等用电安全(McGregor et al.,2007)。极端气象事件导致物种栖息地的间隙扩大和分布范围的整体收缩,生物多样性降低(Opdam et al.,2004)。极端气象事件影响旅游目的地、竞争力和可持续发展(Scott et al.,2008),包括:(1)增加旅游基础设施的建设和运营成本;(2)对生物多样性和景观变化(例如海岸侵蚀)的间接影响,降低旅游地对消费者的吸引力;(3)极端事件发生后使得消费者对旅游地产生负面感知。尤其是在一些旅游业占国民经济重要地位的发展中国家,极端气象事件通过影响消费者的旅游决策,影响旅游业收入与国民福利(Hein et al.,2009;Berrittella et al.,2006)。

"一带一路"亚欧非主要合作区域遭受着大约世界上 85% 的自然灾害,极端天气气候是自然灾害的主要致灾因素。亚洲水系发达,且海岸线较长,随着城镇化扩张与人口不断增长,极易受强降水、热浪、干旱、台风等极端气象事件的影响(Nicholls et al.,2008)。亚洲区域洪水风险较大的国家包括印度、孟加拉、菲律宾、中国等,历史上均造成重大人员伤亡和损失(Dash et al.,2007;Shen et al.,2008)。2005 年,印度孟买在 24 h 内降水 944 mm 之后发生严重水灾,2/3 地区陷入瘫痪(Kshirsagar et al.,2006)。孟买虽然是印度经济中心,但是城市地区的基础设施仍然不完善,连降暴雨之后的洪水导致灾民达 2000 多万人,并造成数日断电和居民饮水困难。Ranger 等(2011)的研究表明,预计到 21 世纪 80 年代,百年一遇暴雨事件对孟买地区造成的总损失可能增加至 23 亿美元。孟加拉国常年受洪灾影响,正常年份河水溢出和排水堵塞会导致全国 20%~25% 的地区被淹没; 10 a、50 a 和 100 a 一遇的洪水泛滥地区分别占全国国土面积的 37%、52% 和 60%;1998 年洪水造成 1400 多人死亡,约 3000 万人无家可归,基础设施遭到严重破坏,总经济损失 20 亿~30 亿美元(Rashmi Sharma,2007;雷鸣等,2012)。1998年,中国发生特大洪水,全国 29 个省(自治区、直辖市)遭受不同程度的洪涝灾害,受灾人口达 2.2 亿,直接经济损失 1660 亿元。暴雨和洪水还影响城市地区环境健康,低收入和中等收入国家的城市贫民在洪水之后可能经历更高的传染病发病率,例如霍乱、伤寒和隐孢子虫病等(Kovats et al. ,2008)。

亚洲历史上频繁遭受干旱的影响,20 世纪后半叶以来亚洲地区尤其是东亚干旱程度日益增加,对社会经济、农业和环境产生了不利影响,具体表现为缺水、作物歉收、饥饿和森林大火(IPCC,2012a)。水稻是亚洲地区主要粮食作物之一,极易受极端高温影响,尤其是授粉之前和授粉期间,约 15%(2300 万 hm²)亚洲稻区受干旱影响而频繁造成水稻减产(Widawsky et al. ,1990;Pandey et al. ,2000)。干旱对东南亚雨养农业影响严重,湄公河低地经常遭受干旱,水稻产量普遍降低,在柬埔寨干旱普遍发生在粮食生长期后期,生长周期更长的粮食种类在灌浆期更易遭受干旱影响(Tsubo et al. ,2009)。

农业为非洲国家贡献 50% 的出口总值和约 21% 的国内生产总值,由于非洲国家以雨养农业为主,适应能力差,极易受极端天气气候的影响(Kurukulasuriya et al. ,2006;PACJA,2009)。干旱和洪水可对非洲国家经济造成重大影响和破坏(Scholes et al. ,2004)。生活在非洲干旱易发区的人民饱受由干旱造成的饥荒、牲畜死亡和土壤盐碱化在内的直接影响,以及霍乱、疟疾等间接影响(Few et al. ,2004)。非洲 25% 的人口面临着水资源短缺问题,属于干旱敏感人群(Vörösmarty et al. ,2005)。干旱还会对旅游业、渔业和种植业产生不利影响,从而降低政府、企业和个人的收入水平,进而导致适应投资能力不足(UNWTO,2003)。例如,2003—2004 年干旱使得纳米比亚政府使用约 4800 万美元用于紧急救济;喀麦隆经济高度依赖于雨养农业,预计降雨量减少 14% 将造成 45.6 亿美元的重大损失(Molua et al. ,2006)。强降水可能造成非洲热带山区泥石流和山体滑坡,并对居民居住区产生潜在不利影响(Thomas et al. ,2003)。在非洲之角国家的干旱和半干旱地区,极端强降水和洪水事件往往与疟疾、霍乱等高风险传染病相关联(Anyamba et al.,2006;McMichael et al.,2006)。洪水、风暴潮和大风还可能破坏非洲港口城市,至 2070 年仅亚历山大海岸,洪水可能使价值 5632.8 亿美元的资产遭受损害或损失(Nicholls et al.,2008)。

欧洲人口密度高于其他任何大陆,人口平均预期寿命高,当前已进入老龄化社会。在欧洲大部分地区,近几十年夏季热浪增加,尤其对脆弱群体造成危害。例如,2003 年热浪导致数万人口死亡;城市热岛给城市居民带来了额外的风险,尤其是对老人等脆弱人群(Laschewski et al.,2002)。暴雨洪水是欧洲发生最频繁的自然灾害(EEA,2008)。由于社会经济发展,城镇化和基础设施建设导致的暴露度增加,在过去几十年,洪水造成的损失显著增加(Lugeri et al.,2010)。短期来看,沿海洪水是欧洲一种重要的自然灾害,风浪和冬季风暴均会导致风暴潮(Smith et al.,2000)。长期来看,欧洲沿海地区受全球海平面上升影响更大,预计海平面上升将对欧洲沿海地区造成的影响包括土地流失、地下水和土壤盐渍化,以及财产和基础设施的破坏(Devoy,2008)。Hinkel 等(2010)预计至 2100 年在 A2 和 B1 排放情景下,不考虑适应,洪水、土壤侵蚀、盐渍化和移民将导致 170 亿欧元的损失,并预计采取适应措施可使受灾人数显著减少两个数量级,总损失大幅减少。风暴是欧洲保险业最重要的气候灾害之一,1999 年 10 月,风暴袭击了法国、西班牙、德国、意大利等国家,保险损失超过 120 亿美元(Schwierz et al.,2010)。瑞士再保险公司(Swiss Reinsurance Company,2009)的一项研究表明,如果至 21 世纪末每 30 a 发生一次千禧年风暴潮,那么每年预计损失可能从目前 6 亿欧元增长至 26 亿欧元;若采取相关适应措施,可能会使估计的损失减少一半(Donat et al.,2010)。

由于观测数据缺乏、模式模拟不确定性较大、对极端天气、气候科学认知不足以及未来社会经济、人口暴露与脆弱性的动态变化,目前关于极端气象事件影响预估研究有限。一般认为,21 世纪地面温度呈上升趋势,全球热浪发生的频率更高、持续性更强;很多地区的极端降水的强度和频率将会增加;全球平均海平面将不断上升影响沿海地区(IPCC,2012b)。在未来 1.5~2℃温升情景下,随着社会经济系统财富和人口暴露度增加,干旱所造成的中国国内生产总值损失将可能加倍(Su et al.,2018;Wen et al.,2019)。因此,提高对极端天气气候影响的科学评估能力,有助于不同利益主体有针对性地采取适应措施和进行灾害风险管理,避免或减少不利影响和风险。

## 1.3.2 极端天气气候适应

二氧化碳等是长生命周期温室气体,即使现在做出了最大减排努力,也不能完全避免气候变化目前及其未来的进一步影响,适应对人类社会和经济的可持续发展至关重要(翟盘茂等,2009;IPCC,2018)。适应可在目前和未来促进民众福祉、财产安全和维持生态系统产品、功能和服务,降低气候变化影响的风险,但是适应具有地域性,应根据不同区域的特征采用不同策略(IPCC,2014)。

农业作为对气候条件敏感性较高的产业,特别需要增强适应极端天气气候的能力。农业部门的适应行动可保障粮食安全和农民的基本生计,还可以增强作物、畜牧和粮食系统适应之间的协调以维持或增加产量,实现"零饥饿"的可持续发展目标(FAO,2015;Lipper et al.,2014;Rockström et al.,2017)。其主要措施包括以下几方面:(1)建立农业气候灾害的监测、预警和防灾减灾服务体系;(2)发展包括生物技术在内的新技术,选育抗逆农作物品种;(3)加强水利基础设施的建设,提高建设标准,增强防洪、抗旱、供水及其应变能力;(4)开展农业适应示范区建设,加强农业应对极端天气气候的能力(林而达等,2006)。

水资源领域的适应行动包括完善极端天气气候事件的监测和管理体系,提高水利工程基础设施建设和供水系统的安全运行标准,鼓励雨水利用、循环水、海水淡化等节水技术研发和应用;能源领域需要加强可再生能源技术研发和应用,因地制宜发展智能电网;交通领域需要在机场、铁路、港口、高速公路、城市轨道交通等重大工程中充分考虑极端天气气候的影响;健康领域需加强气候变化和极端天气气候事件对相关疾病的影响和预防研究,加强极端气象灾害对脆弱人群健康影响的监测和防控;海洋领域需加强极端气象事件对海洋和近岸海洋环境与生态影响的监测和预警,提高沿海防御海洋灾害基础设施的标准。

未来应对极端气象事件、减少灾害风险,需要加强灾害风险管理和适应气候变化两大领域的协同(秦大河等,2015)。灾害风险管理需要以在脆弱性、能力、人员和资产的风险暴露度、灾害的特点和环境等所有维度对风险的了解为基础,通过界定国家、区域和全球层面的角色和责任来确保国家和地方法律、监管和公共政策框架的协调一致,并指导和激励公共和私营部门采取行动,应对灾害风险(UNISDR,2015)。"一带一路"共建国家将广泛在基础设施、重大项目与工程、投资贸易、农业、能源、旅游等方面展开全方位务实合作,应在合作中充分考虑气候变化、极端气象事件的既有和潜在影响,提前采取适应和风险管理,减少不利影响和风险。

综合目前的科学认知而言,气候变化及极端天气气候灾害严重威胁地球的健康与可持续发展,是人类社会面临的极其严峻的风险与挑战(IPCC,2014;Watts et al.,2018;WEF,2019)。"一带一路"地区是气候变化的脆弱区,是气候灾害及次生灾害的严重影响区,同时排放大量的温室气体与空气污染物。在"一带一路"共建共享过程中需要充分考虑气候变化风险,科学减缓气候变化,提高气候适应力与韧性,对推进绿色发展与生态文明建设以及落实可持续发展目标具有非常重要的意义。但是,当前的科学认知远不能满足不断扎实推进、向高质量发展的"一带一路"建设的需要。

《"一带一路"主要地区气候变化与极端事件时空特征研究》(张井勇等,2018)和《"一带一路"主要区域未来气候变化预估研究》(张井勇等,2019)两本书系统性地开展了"一带一路"过去几十年气候变化和极端事件时空变化格局以及未来不同排放情景下不同时期气候变化的预估研究(张井勇等,2018,2019)。本书聚焦于"一带一路"的主要合作区域,基于 18 个全球气候/地球系统模式输出结果的 0.25°×0.25°高分辨率降尺度数据,采用集合平均方法系统地开展了未来不同时段极端天气气候的预估研究,为相关方合作防范与应对气候变化及气象灾害风险提供科学参考,助力共建"绿色丝绸之路""美丽丝绸之路"以及推进"一带一路"地区与全球的生态文明建设和可持续共同发展。

# 第 2 章

# "一带一路"主要合作区域极端天气气候历史模拟结果评估

一带一路

# 2.1　引　言

应对与防治气候变化及天气气候灾害风险需要对未来气候状况进行预估,但是,未来气候预估仍是科学界需要面对的一个巨大挑战与难题(IPCC,2014)。作为气候预估最主要工具的全球耦合模式仍存在时空分辨率低、单个模式模拟不确定性大等诸多问题。通过动力或统计降尺度能够提高模式结果的空间分辨率,进而更好地刻画局地气候变化状况,提供更多细节的预估信息;多个模式结果进行集合平均则能够降低单个模式模拟结果的不确定性,提高预估结果的可靠度。同时,随着全球耦合模式的不断发展,降尺度能力的不断提升,研究方法的不断进步,将来有望不断提高未来气候预估的准确度与可信度(Stouffer et al.,2017;Eyring et al.,2019)。

通过与观测数据比较,对耦合模式历史阶段模拟结果进行评估是进行未来预估的基础。采用逐日格点观测数据,聚焦于"一带一路"主要合作区域,本章对来自 NASA(美国国家航空与航天局)的经过统计降尺度的 18 个全球气候/地球系统耦合模式历史模拟结果进行了评估。历史阶段采用 1986—2005 年,检验对象包括表征极端天气气候的 12 个频率与强度指数。本章的结果为第 3～5 章的未来预估研究提供了基础。

## 2.2　数据源、极端事件指标与评估方法

### 2.2.1　数据源

逐日格点观测数据来自于美国 NOAA 气候预测中心(CPC,Climate Prediction Center),包括日最高、日最低地表气温与降水数据(https://www.esrl.noaa.gov/psd/data/gridded/index.html)(简称为 CPC 数据集)。数据的水平空间分辨率为 0.5°,时段为 1979 年 1 月 1 日至目前,本章采用的时间段为 1986 年 1 月 1 日至 2005 年 12 月 31 日。

为了更好地描述气候变化状况的局地特征,NASA 基于 CMIP5 模式结果推出了全球降尺度计划(简称为 NEX-GDDP),通过误差订正空间分解法(BCSD)将历史时期和未来 RCP4.5 中等与 RCP8.5 高排放情景下低分辨率的 21 个全球耦

合模式结果统计降尺度到 0.25°×0.25° 高分辨率格点上（http://cds.nccs.nasa.gov/nex-gddp/）。本书采用了其中的 18 个全球耦合模式降尺度数据，包括来自中国的 BCC-CSM1-1 与 BNU-ESM，来自美国的 CCSM4、CESM1-BGC、GFDL-ESM2G 与 GFDL-ESM2M，来自德国的 MPI-ESM-LR、MPI-ESM-MR 与 MRI-CGCM3，来自法国的 CNRM-CM5、IPSL-CM5A-LR 与 IPSL-CM5A-MR，来自澳大利亚的 CSIRO-Mk3-6-0，来自日本的 MIROC-ESM-CHEM 与 MIROC5，来自俄罗斯的 Inmcm4，来自加拿大的 CanESM2 和来自挪威的 NorESM1-M 的降尺度数据。

## 2.2.2 指标体系

根据 WMO、IPCC 等的推荐及实际应用，结合相关研究与认知，本书采用了 6 个温度表征极端事件指数与 6 个降水表征极端事件指数（表 2.1 与表 2.2）。这些指数既含有频率变化指数，也包括强度变化指数。下面对采用的 12 个极端天气气候指数进行逐一介绍。

极端温度频率指数有高温日数、高温夜数、低温日数和低温夜数（表 2.1）。高温日数定义为每年日最高气温超过 32℃ 的天数；高温夜数表示每年日最低气温高于 25℃ 的天数；低温日数表示每年日最高气温低于 10℃ 的天数；低温夜数为每年日最低气温低于 5℃ 的天数。其中，高温日数和低温日数为表征日间极端气温频率的指标，高温夜数和低温夜数表征的是夜间极端气温频率变化。

极端温度强度指数包括最热 30 d 日最高温度平均和最冷 30 d 日最高温度平均（表 2.1）。最热 30 d 日最高温度平均指的是每年日最高气温最高的 30 d 的平均值，用来表征极端高温强度的变化；最冷 30 d 日最高温度平均是指每年日最高气温最低的 30 d 的平均值，用来表征极端低温强度的变化。

表 2.1　温度表征极端事件指数

| 名称 | 定义 | 单位 |
|---|---|---|
| 高温日数 | 每年日最高气温高于 32℃ 的天数 | d |
| 高温夜数 | 每年日最低气温高于 25℃ 的天数 | d |
| 低温日数 | 每年日最高气温低于 10℃ 的天数 | d |
| 低温夜数 | 每年日最低气温低于 5℃ 的天数 | d |
| 最热 30 d 日最高温度平均 | 每年日最高气温最高的 30 d 的平均值 | ℃ |
| 最冷 30 d 日最高温度平均 | 每年日最高气温最低的 30 d 的平均值 | ℃ |

极端降水频率指数有干天天数、中等及以上降水天数和强降水天数(表 2.2)。干天天数定义为每年日降水率低于 1 mm/d 的天数,为降水表征的干旱频率变化;中等及以上降水天数指的是每年日降水率高于或等于 10 mm/d 的天数;强降水天数是指每年日降水率高于或等于 20 mm/d 的天数,表征的是极端强降水频率的变化。

极端降水强度指数包括最强 5 d 平均降水、最干年份降水量和最湿年份降水量(表 2.2)。最强 5 d 平均降水表征的是每年 5 d 最大日降水率的平均值;最干年份降水指的是 1986—2005 年或未来各时段(皆为 20 a)年降水量最少年份的降水数值;最湿年份降水为 1986—2005 年或未来各时段年降水量最多年份的降水数值。最强 5 d 平均降水与最湿年份降水表征极端强降水强度,而最干年份降水表征干旱强度,单位统一采用日平均降水率(mm/d)。

**表 2.2 降水表征极端事件指数**

| 名称 | 定义 | 单位 |
|---|---|---|
| 干天天数 | 每年日降水率小于 1 mm/d 的天数 | d |
| 中等及以上降水天数 | 每年日降水率高于或等于 10 mm/d 的天数 | d |
| 强降水天数 | 每年日降水率高于或等于 20 mm/d 的天数 | d |
| 最强 5 d 平均降水 | 每年日降水率最大 5 d 平均 | mm/d |
| 最干年份降水量 | 20 a 中年降水量最少年份的降水量 | mm/d |
| 最湿年份降水量 | 20 a 中年降水量最多年份的降水量 | mm/d |

### 2.2.3 评估方法

本章主要基于 CPC 格点观测数据,评估了 18 个全球耦合模式降尺度结果对"一带一路"主要合作区极端天气气候历史模拟能力,包括对多耦合模式集合平均及单个模式的检验。评估对象包括了 2.2.2 节中给出的 12 个温度与降水表征极端天气气候指数的空间分布与区域平均值,提供了模拟偏差范围。评估与检验结果为接下来系统预估"一带一路"主要合作区未来极端天气气候事件变化提供了研究基础。

## 2.3 温度表征极端事件多耦合模式降尺度结果评估

### 2.3.1 高温日数

高温日数(日最高气温＞32℃)被用来表征日间极端高温频率。图 2.1 给出了"一带一路"主要合作区 CPC 观测与经过降尺度的多耦合模式结果集合平均的高温日数 1986—2005 年平均值的空间分布。观测的 1986—2005 年平均的高温日数最大值主要呈现在赤道至 30°N,小部分面积高温日数超过 300 d;次大值区出现在赤道以南以及 30°—45°N 的不少区域,包括地中海地区、西亚北部、中亚地区、中国西北与东部等;青藏高原以及 45°N 以北地区一年中很少或不出现超过 32℃的高温天气。经过降尺度的 18 个全球气候/地球系统耦合模式结果能够抓住"一带一路"主要合作区高温日数历史阶段气候态的区域差异性,换句话说,多耦合模式平均的高温日数空间分布与观测基本一致(图 2.1)。同时注意到,在幅度上存在一定的偏差。例如,多耦合模式平均高估了萨赫勒地区的高温日数,低估了阿拉伯半岛的高温日数。

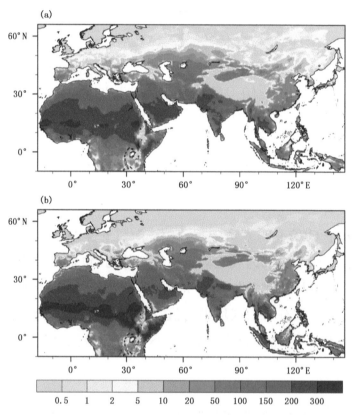

图 2.1　1986—2005 年"一带一路"主要合作区高温日数气候平均值的空间分布(单位:d)
(a)CPC 观测,(b)多耦合模式平均值

　　图 2.2 给出了采用的每个全球耦合模式降尺度结果的 1986—2005 年平均的"一带一路"主要合作区高温日数的空间分布。总体而言,单个耦合模式降尺度结

果与 18 个耦合模式降尺度结果平均以及 CPC 观测的高温日数的空间分布型相似,表明经过降尺度的耦合模式结果间历史阶段模拟的"一带一路"主要合作区高温日数的不确定性相对较低(图 2.2,图 2.1)。

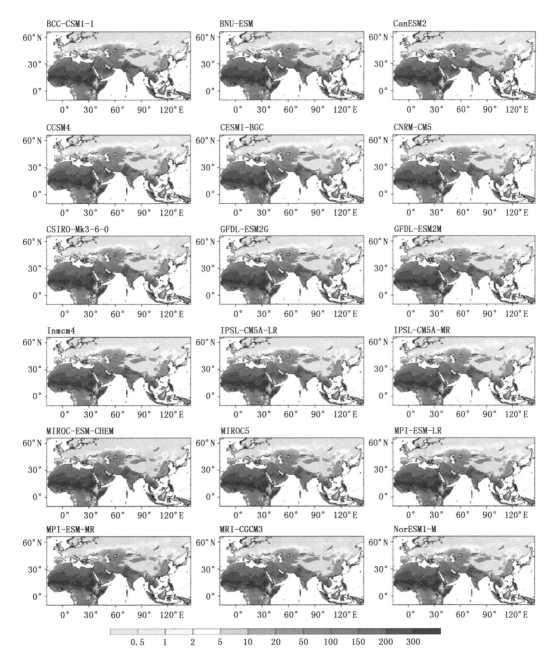

图 2.2　1986—2005 年平均的"一带一路"主要合作区单个耦合模式 0.25°×0.25°
高分辨率降尺度结果模拟的高温日数空间分布(单位:d)

进一步计算了"一带一路"主要合作区域空间平均的 CPC 观测、18 个全球耦合模式降尺度结果平均及单个模式降尺度结果的高温日数历史阶段气候值(图 2.3 和图 2.4)。1986—2005 年或历史阶段平均的观测高温日数空间平均值为 73.18 d,多耦合模式平均值为 77.83 d,模拟高估了 4.65 d(图 2.3)。从单个模式结果可以看出,"一带一路"主要合作区域历史阶段高温日数气候态空间平均值 18 个模式间相差不大(图 2.4):最高值为 80.96 d,最低值为 75.44 d,与观测相差普遍不多。综合来看,18 个全球气候/地球系统模式 0.25°×0.25°高分辨率降尺度结果能够比较准确地模拟"一带一路"主要合作区历史阶段高温日数气候态空间分布及空间平均值。

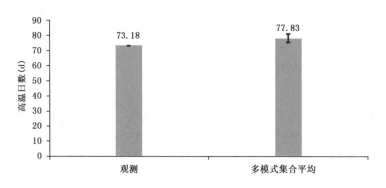

图 2.3  1986—2005 年平均的"一带一路"主要合作区高温日数空间平均值(单位:d)
(图中误差条表示 18 个模式最低与最高值的范围)

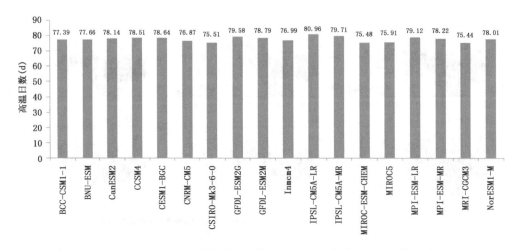

图 2.4  1986—2005 年平均的"一带一路"主要合作区各个模式降尺度
结果模拟的高温日数空间平均值(单位:d)

## 2.3.2 高温夜数

高温夜数(日最低气温＞25℃)被用来表征夜晚极端高温频率。图 2.5 给出了"一带一路"主要合作区观测与降尺度的多耦合模式结果集合平均的高温夜数 1986—2005 年历史阶段气候平均值的空间格局。观测的历史阶段高温夜数主要出现在除青藏高原外的 35°N 以南区域,35°N 以北区域很少出现 25℃ 以上的高温夜数。其中,高温夜数最多出现在赤道以北非洲、西亚南部、南亚大部分区域以及中南半岛部分区域,最多可超过 150 d;次多区在中国东部、马来群岛、中亚南部与刚果盆地,部分地区超过 20 d(图 2.5a)。多耦合模式平均的空间格局与观测较为相似,能够模拟出高温夜数最多区域,但是对次多区存在比较大的低估,尤其是刚果盆地、马来群岛与中亚南部(图 2.5)。

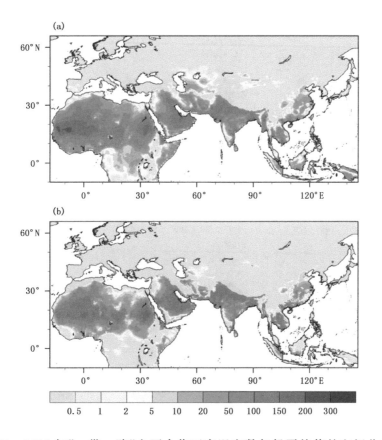

图 2.5　1986—2005 年"一带一路"主要合作区高温夜数气候平均值的空间分布(单位:d)

(a)CPC 观测,(b)多耦合模式平均值

(多耦合模式平均值基于 18 个全球气候/地球系统模式 0.25°×0.25°高分辨率降尺度结果获得)

单个全球耦合模式降尺度结果模拟的 1986—2005 年历史阶段平均的"一带一路"主要合作区高温夜数空间分布普遍与多模式平均结果比较一致：与 CPC 观测相比普遍较大程度上低估了刚果盆地、马来群岛、中亚南部的高温夜数，比较好地模拟出了其他地区的高温夜数（图 2.6，图 2.5）。

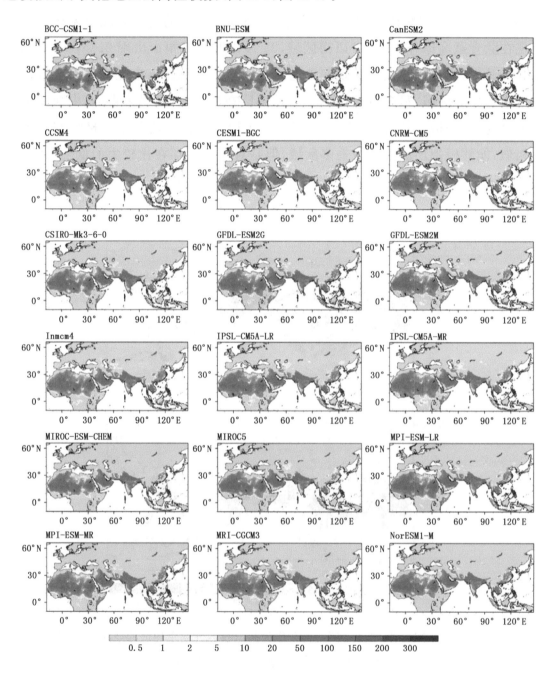

图 2.6 "一带一路"主要合作区单个耦合模式 0.25°×0.25°高分辨率降尺度
结果模拟的 1986—2005 年平均高温夜数空间分布（单位：d）

图 2.7 和图 2.8 给出了"一带一路"主要合作区域空间平均的 CPC 观测、18
个全球耦合模式降尺度结果平均及每个模式降尺度结果的高温夜数 1986—2005
年历史阶段平均气候值。历史阶段平均的观测高温夜数空间平均值为 26.73 d,
多耦合模式平均值为 19.07 d,差异为 7.66 d(图 2.7)。如前所述,多耦合模式高
温夜数平均值偏差主要反映了模式对刚果盆地、马来群岛及中亚南部地区的低估。
从单个模式结果可以看出,18 个模式模拟的"一带一路"主要合作区域历史阶段高温
夜数气候态空间平均值模式间相差在 5 d 之内:最高值为 21.46 d,最低值为 16.51 d
(图 2.8)。单个模式高温夜数平均值全都低于 CPC 观测值,一致表现为低估。同时
注意到,模式对高温夜数的模拟能力总体上低于对高温日数的模拟能力。

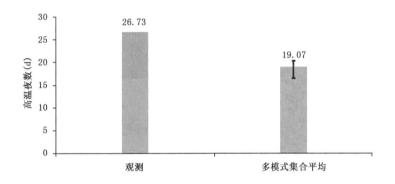

图 2.7　1986—2005 年平均的"一带一路"主要合作区高温夜数空间平均值(单位:d):
(图中误差条表示 18 个模式最低与最高值的范围)

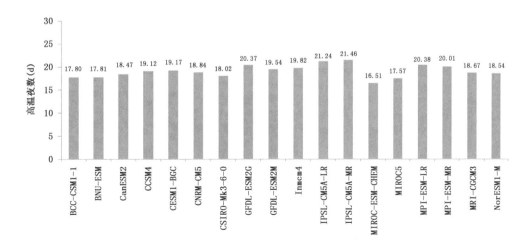

图 2.8　1986—2005 年平均的"一带一路"主要合作区中各个模式降尺度
结果模拟的高温夜数空间平均值(单位:d)

### 2.3.3 低温日数

低温日数(日最高气温<10℃)被用来表征日间极端低温的频率变化。图2.9给出了"一带一路"主要合作区观测与多耦合模式结果平均的低温日数历史阶段气候态的空间分布格局。从CPC观测的1986—2005年平均的低温日数分布来看,30°N以南地区普遍很少甚至不出现低温天气。而在30°N以北地区,低温日数大体从南到北不断增多,55°N以北欧亚大陆普遍可以超过200 d。由于高地形影响,青藏高原低温日数比同纬度地区多得多,许多地区超过200 d。与观测相比,经过降尺度的18个全球气候/地球系统耦合模式结果能够模拟出"一带一路"低温日数历史时段气候态的空间格局。同时注意到,在幅度上存在一定的偏差,比如多耦合模式平均高估了青藏高原部分地区的低温日数。

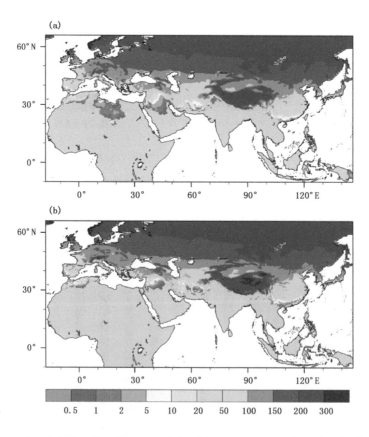

图2.9 1986—2005年"一带一路"主要合作区低温日数气候平均值空间分布(单位:d)
(a)CPC观测,(b)多耦合模式平均值

　　从 18 个模式降尺度结果对"一带一路"主要合作区历史时段低温日数空间分布的模拟来看,模式间相差比较小,与多耦合模式降尺度结果平均以及 CPC 观测都具有较高的一致性,表明低温日数的模式间不确定性低(图 2.9 和图 2.10)。

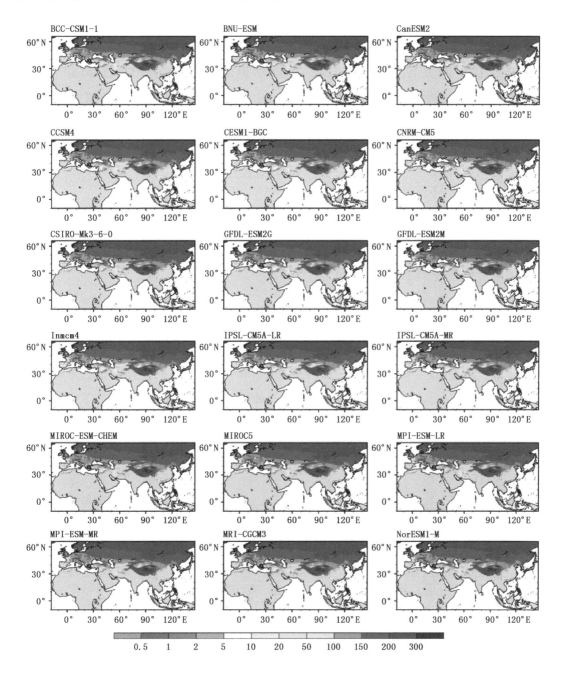

图 2.10　1986—2005 年平均的"一带一路"主要合作区单个耦合模式 0.25°×0.25°
高分辨率降尺度结果模拟的低温日数空间分布(单位:d)

进一步比较了"一带一路"主要合作区域观测、多耦合模式降尺度结果平均以及每个模式降尺度结果的低温日数历史阶段气候态的平均值(图 2.11 和图 2.12)。CPC 观测的历史阶段低温日数空间平均值与多耦合模式平均值一致性高:观测为 101.34 d,多耦合模式平均为 102.30 d,相差不到 1 d(图 2.11)。从单个模式结果可以看出,"一带一路"主要合作区域历史阶段低温日数气候态空间平均值 18 个模式间差异不大(图 2.12)。单个模式最高值为 103.53 d,最低值为 101.44 d,均比观测值略偏高。综合来看,18 个全球气候/地球系统模式 0.25°×0.25°高分辨率降尺度结果与观测的"一带一路"历史阶段低温日数气候态空间分布及空间平均值一致性高,模式间不确定性小。

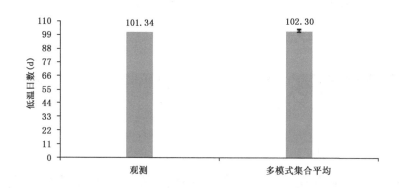

图 2.11　1986—2005 年平均的"一带一路"主要合作区低温日数的空间平均值(单位:d):
(图中误差条表示 18 个模式最低与最高值的范围)

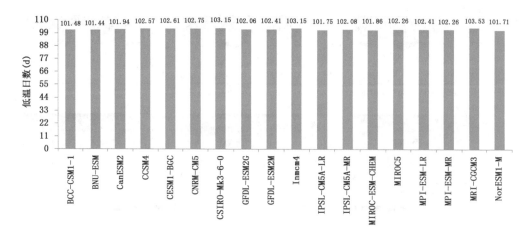

图 2.12　1986—2005 年平均的"一带一路"主要合作区各个模式降尺度
结果模拟的低温日数空间平均值(单位:d)

### 2.3.4 低温夜数

低温夜数(日最低气温<5℃)表征夜间极端低温的频率变化。图 2.13 给出了"一带一路"主要合作区域观测与经过降尺度的多耦合模式结果平均的低温夜数历史时段平均值的空间分布格局。从 CPC 观测来看,1986—2005 年平均的低于 5℃低温夜数在 20°N 以南区域很小或不出现。而在 20°N 以北地区,低温夜数大体表现出由南向北增长。低温夜数最大值区位于青藏高原以及欧亚相对较高纬度(50°N 以北)地区,青藏高原不少区域及亚洲东北部的小部分区域超过 300 d。总体而言,经过降尺度的 18 个全球气候/地球系统耦合模式结果与 CPC 观测的低温夜数空间分布具有比较高的一致性,偏差存在于青藏高原、阿拉伯半岛南部等地区。

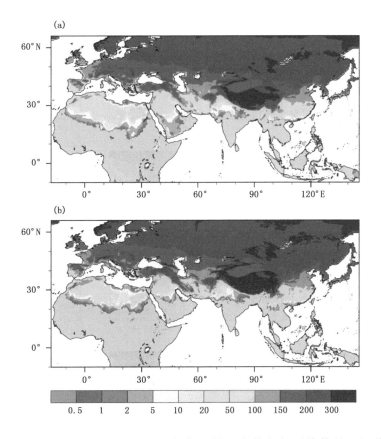

图 2.13　1986—2005 年"一带一路"主要合作区低温夜数气候平均值的空间分布(单位:d)
(a)CPC 观测,(b)多耦合模式平均值

图 2.14 提供了每个全球耦合模式降尺度结果模拟的 1986—2005 年平均的"一带一路"主要合作区低温夜数的空间格局。各个耦合模式降尺度模拟结果与

多耦合模式降尺度结果平均以及 CPC 观测的低温夜数的空间分布型相似,表明经过降尺度的耦合模式结果间历史阶段模拟"一带一路"主要合作区低温夜数的不确定性相对较低（图 2.14）。

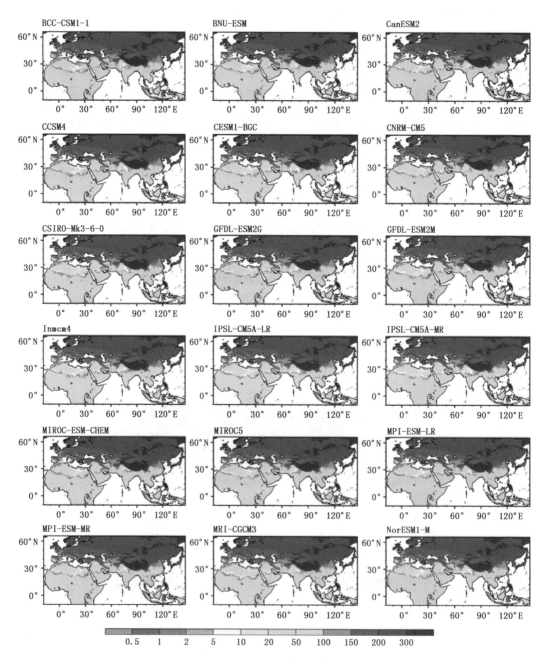

图 2.14　1986—2005 年平均的"一带一路"主要合作区单个耦合模式 0.25°×0.25°
高分辨率降尺度结果模拟的低温夜数空间分布（单位:d）

图 2.15 表明"一带一路"主要合作区域空间平均的 CPC 观测与 18 个全球耦合模式降尺度结果平均的历史阶段低温夜数气候值分别为 131.83 d 与 137.04 d，相对差异不大。从图 2.16 可以看出，"一带一路"主要合作区域历史阶段低温夜数空间平均值 18 个模式间差异不大：单个模式最高值为 138.45 d，最低值为 135.77 d。综合来看，18 个全球气候/地球系统模式 0.25°×0.25°高分辨率降尺度结果较为准确地再现了"一带一路"主要合作区域历史阶段低温夜数平均气候值的空间格局及空间平均值。

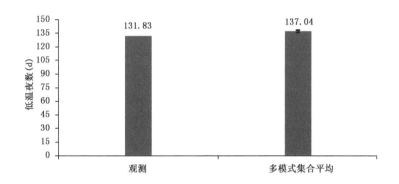

图 2.15 1986—2005 年平均的"一带一路"主要合作区低温夜数空间平均值(单位:d):

(图中误差条表示 18 个模式最低与最高值的范围)

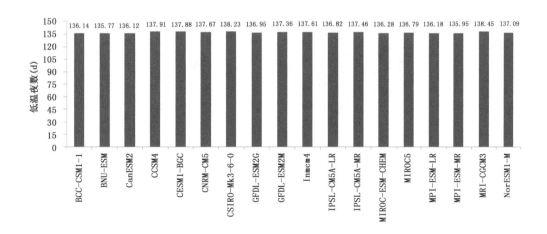

图 2.16 1986—2005 年平均的"一带一路"主要合作区各个耦合模式降尺度

结果模拟的低温夜数空间平均值(单位:d)

### 2.3.5 最热30 d日最高温度平均

最热30 d日最高温度平均(每年日最高气温最高的30 d的平均值)表征极端高温的强度变化。图2.17给出了"一带一路"主要合作区观测与经过降尺度的多耦合模式结果平均的最热30 d日最高温度平均历史阶段气候平均值的空间格局。可以看出,与CPC观测相比,18个全球耦合模式降尺度结果平均较好地模拟出了最热30 d日最高温度平均历史阶段的空间差异与变化。观测与模拟的最大值区均出现在10°N以北的非洲、西亚以及南亚许多区域,可超过40℃;最小值区均出现在青藏高原,许多地区低于20℃。

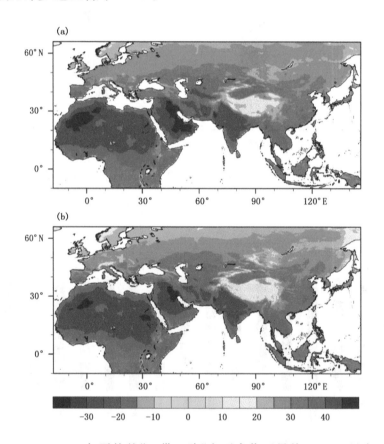

图2.17　1986—2005年平均的"一带一路"主要合作区最热30 d日最高温度平均
空间分布(单位:℃)
(a)CPC观测,(b)多耦合模式平均值
(多耦合模式平均值基于18个全球气候/地球系统模式0.25°×0.25°高分辨率降尺度结果获得)

将图 2.18 和图 2.17 比较可以看出,单个全球耦合模式降尺度结果与 18 个模式降尺度结果平均以及 CPC 观测的最热 30 d 日最高温度平均的历史阶段空间分布型比较一致。单个模式均能模拟出青藏高原低值区以及高值区,模拟的幅度与观测值差异普遍不大。

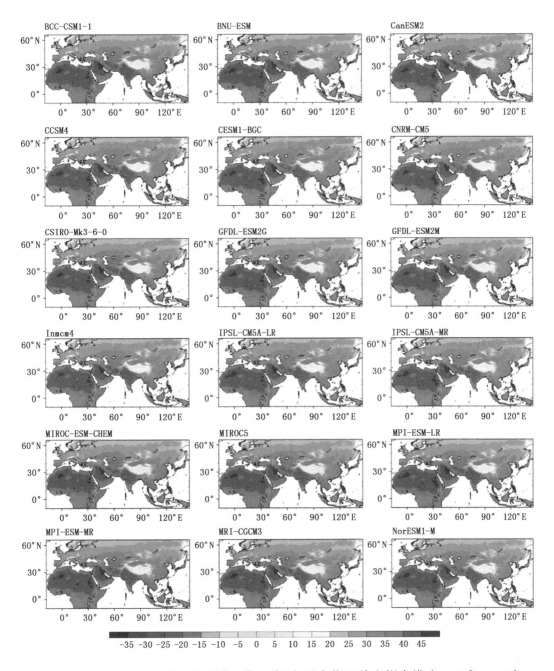

图 2.18　1986—2005 年平均的"一带一路"主要合作区单个耦合模式 0.25°×0.25°
高分辨率降尺度结果模拟的最热 30 d 日最高温度平均的空间分布(单位:℃)

图 2.19 和图 2.20 给出了"一带一路"主要合作区观测、多全球耦合模式降尺度结果平均以及单个模式降尺度结果模拟的最热 30 d 日最高温度平均历史阶段空间平均值。1986—2005 年观测的最热 30 d 日最高温度平均空间平均值为 32.69℃,多耦合模式平均值为 31.76℃,模拟值偏小 0.93℃(图 2.19)。从单个模式结果可以看出,"一带一路"主要合作区域历史阶段最热 30 d 日最高温度平均的空间平均值 18 个模式间差异不大,最高值为 32.02℃,最低值为 31.41℃(图 2.20)。综合而言,18 个全球气候/地球系统模式 0.25°×0.25°高分辨率降尺度结果对"一带一路"主要合作区域历史阶段最热 30 d 日最高温度平均的空间格局及空间平均值具有良好的模拟能力,模式间不确定性小。

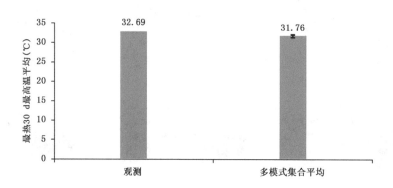

图 2.19 1986—2005 年"一带一路"主要合作区最热 30 d 日最高温度平均的空间
平均值(单位:℃):
(图中误差条表示 18 个模式最低与最高值的范围)

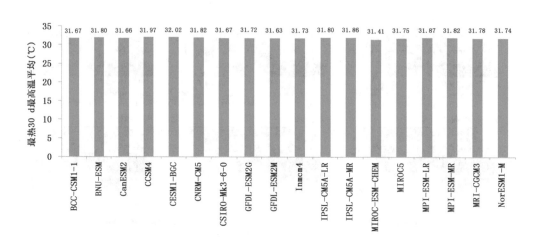

图 2.20 1986—2005 年"一带一路"主要合作区各个模式降尺度
结果模拟的最热 30 d 日最高温度平均的空间平均值(单位:℃)

## 2.3.6　最冷 30 d 日最高温度平均

最冷 30 d 日最高温度平均(每年日最高气温最低的 30 d 的平均值)表征极端低温的强度变化。从图 2.21a 看出,CPC 观测的"一带一路"主要合作区历史阶段最冷30 d日最高温度平均最大值主要出现在热带地区,然后向北不断减少,北亚东北部最低可低于−35℃。同时注意到,青藏高原地区最冷 30 d 日最高温度平均比同纬度地区更低,主要归因于高海拔影响。多耦合模式降尺度结果平均能够模拟出观测的最冷 30 d 日最高温度平均的高值区、低值区以及整体空间格局,但在幅度上存在一定的差异(图 2.21)。

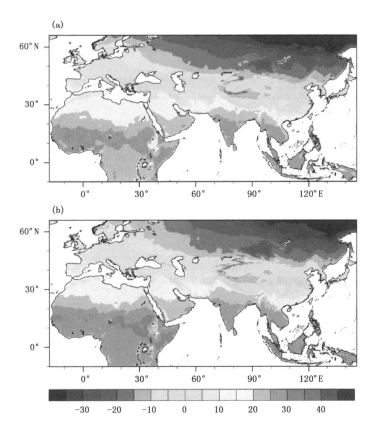

图 2.21　1986—2005 年平均的"一带一路"主要合作区最冷 30 d 日最高温度
平均的空间分布(单位:℃)

(a)CPC 观测,(b)多耦合模式平均值

图 2.22 给出了采用的每个全球耦合模式降尺度结果模拟的 1986—2005 年平均的"一带一路"主要合作区最冷 30 d 日最高温度平均的空间分布。总体来看,

各个耦合模式降尺度结果与多耦合模式降尺度结果平均以及 CPC 观测的最冷
30 d 日最高温度平均的空间分布型相似,表明经过降尺度的耦合模式间历史阶段
模拟不确定性相对较低(图 2.22 和图 2.21)。

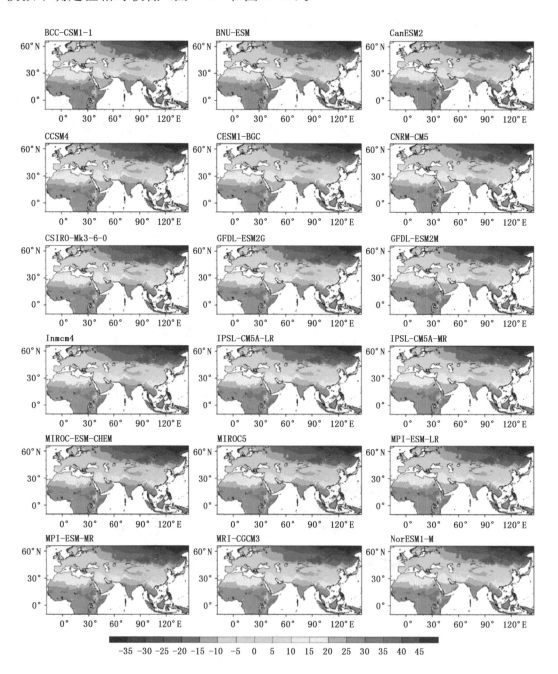

图 2.22　1986—2005 年平均的"一带一路"主要合作区单个耦合模式 0.25°×0.25°
高分辨率降尺度结果模拟的最冷 30 d 日最高温度平均的空间分布(单位:℃)

图 2.23 和图 2.24 提供了"一带一路"主要合作区域历史阶段 CPC 观测、18 个全球耦合模式降尺度结果平均及单个模式降尺度结果模拟的最冷 30 d 日最高温度平均的空间平均值。观测的 1986—2005 年最冷 30 d 日最高温度平均值为 1.52℃,多耦合模式平均值为 3.34℃,模拟结果比观测高 1.82℃(图 2.23)。单个模式模拟的最高值为 3.65℃,最低值为 2.92℃,模式间相差最大不到 1℃(图 2.24)。

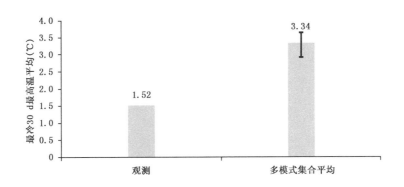

图 2.23 1986—2005 年平均的"一带一路"主要合作区最冷 30 d 日最高温度平均的空间平均值(单位:℃)

(图中误差条表示 18 个模式最低与最高值的范围)

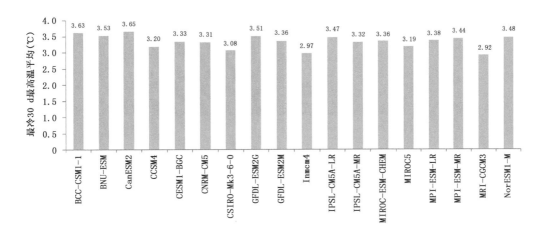

图 2.24 1986—2005 年平均的"一带一路"主要合作区域各个模式降尺度结果模拟的最冷 30 d 日最高温度平均的空间平均值(单位:℃)

## 2.4 降水表征极端事件多耦合模式降尺度结果评估

### 2.4.1 干天天数

干天天数(日降水率<1 mm/d)可用来表示降水表征的干旱频率变化。图 2.25 给出了观测与多耦合模式降尺度结果平均的"一带一路"主要合作区历史阶段干天天数空间分布。CPC 观测的 1986—2005 年或历史阶段平均干天天数最大值区出现在撒哈拉沙漠及附近地区、西亚、中亚、南亚西北部、中国西北、蒙古国以及中国东北西部,即亚非干旱-半干旱带的广大区域,普遍超过 300 d。多耦合模式降尺度结果模拟的干天天数最大值区也出现在这些区域,但是幅度存在差异,主要是低估了除西亚以外亚洲干旱-半干旱带的干天天数。观测与多模式模拟的历史阶段干天天数最小值区均出现在降水极其丰沛的马来群岛,但是,模拟较大程

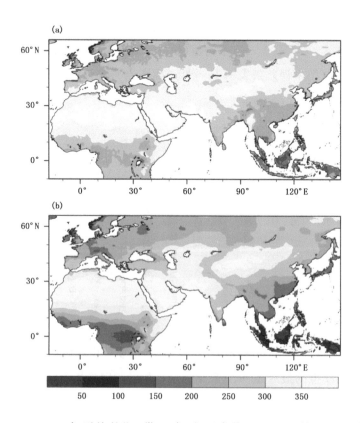

图 2.25　1986—2005 年平均的"一带一路"主要合作区干天天数空间分布(单位:d)
(a)CPC 观测,(b)多耦合模式平均值

度上低估了这一地区的干天天数幅度。观测的干天天数在萨赫勒以南的非洲地区、欧洲不少区域、南亚部分地区、中南半岛、中国东南部以及日本为 200～300 d 的中等区,模拟普遍在中等区存在低估。北亚为干天天数次多区,模拟值普遍比观测值低。

图 2.26 主要合作区了采用的每个全球耦合模式降尺度结果模拟的历史阶段平均的"一带一路"主要合作区干天天数空间分布格局。总体看来,18 个耦合模式

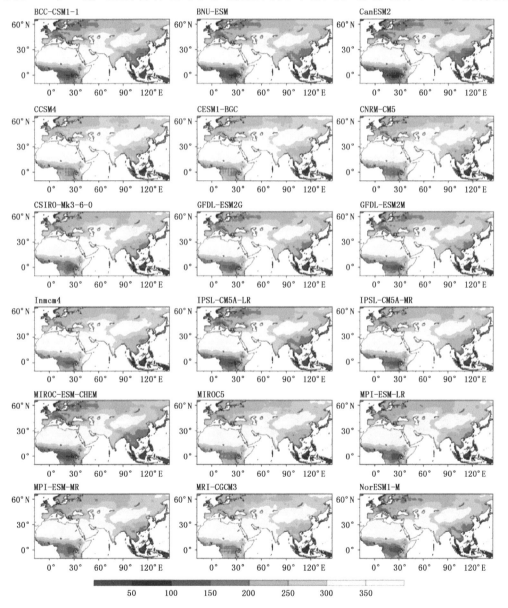

图 2.26　1986—2005 年平均的"一带一路"主要合作区单个耦合模式降尺度结果模拟的
干天天数空间分布(单位:d)

降尺度结果普遍都能够模拟出 CPC 观测的 1986—2005 年干天天数空间分布型,但是,幅度上普遍表现为在许多地区存在不同程度的低估。

进一步对"一带一路"主要合作区历史时段干天天数空间平均的观测值与 18 个全球耦合模式降尺度结果平均值及单个模式降尺度结果进行了比较分析(图 2.27 和图 2.28)。1986—2005 年平均的干天天数空间平均观测值为 288.26 d,多耦合模式平均值为 266.21 d,模式低估偏差为 22.05 d。从单个模式结果可以看出,"一带一路"主要合作区域历史阶段干天天数最高值为 281.50 d,最低值为 249.75 d,均表现为低估,偏差幅度范围为 6.76~38.51 d(图 2.28)。

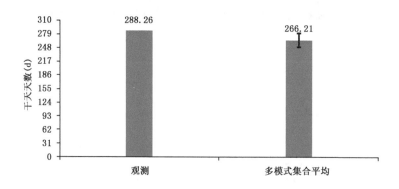

图 2.27 1986—2005 年平均的"一带一路"主要合作区干天天数空间平均值(单位:d)

(图中误差条表示 18 个模式最低与最高值的范围)

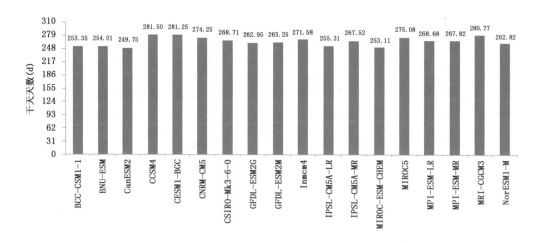

图 2.28 1986—2005 年平均的"一带一路"主要合作区各个模式降尺度

结果模拟的干天天数空间平均值(单位:d)

## 2.4.2 中等及以上降水天数

中等及以上降水天数(日降水率≥10 mm/d)可用来表示降水表征的较强及以上降水频率变化。图 2.29 是"一带一路"主要合作区观测与多耦合模式降尺度结果平均的中等及以上降水天数历史阶段平均值的空间分布。从 CPC 观测的 1986—2005 年平均的中等及以上降水天数的空间分布来看,最大值主要出现在马来群岛,普遍超过 60 d;次大值出现在萨赫勒以南非洲许多地区、欧洲部分区域、南亚湿润区、中南半岛与东亚季风区,幅度普遍不低于 30 d。亚非干旱-半干旱带的中等及以上降水天数最少,大部分区域少于 5 d,撒哈拉沙漠、阿拉伯半岛与中国西北沙漠戈壁区不足 1 d。多耦合模式降尺度结果模拟的中等及以上降水天数的空间分布格局与观测相似,但在幅度上存在偏差,尤其是在刚果盆地、中南半岛等地存在较大程度的高估。

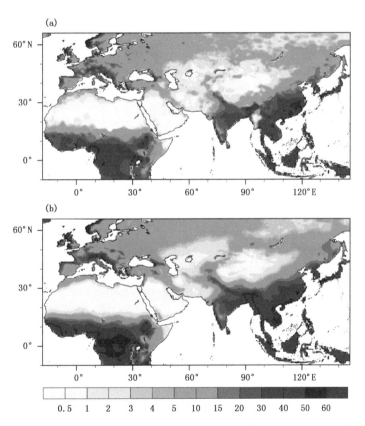

图 2.29 1986—2005 年平均的"一带一路"主要合作区中等及以上降水天数的
空间分布(单位:d)

(a)CPC 观测,(b)多耦合模式平均值

图 2.30 提供了单个耦合模式降尺度结果模拟的"一带一路"主要合作区历史阶段中等及以上降水天数空间分布。总体而言,单个耦合模式降尺度结果与 18个耦合模式降尺度结果平均以及 CPC 观测的中等及以上降水天数的空间分布型

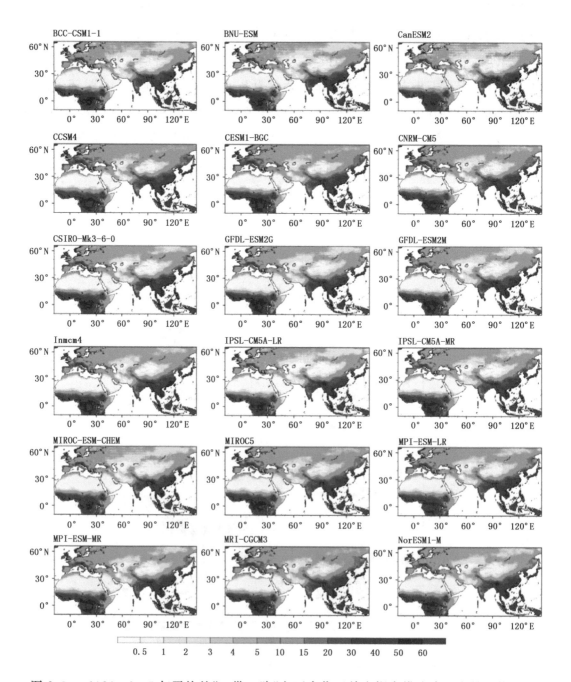

图 2.30　1986—2005 年平均的"一带一路"主要合作区单个耦合模式降尺度结果模拟的

中等降水天数空间分布(单位:d)

相似性较强,在幅度上存在不同程度的偏差。与多耦合模式结果平均相似,较大的高估偏差普遍出现在刚果盆地、中南半岛等地。

进一步计算了"一带一路"主要合作区观测、多耦合模式结果平均与单个模式结果模拟的历史阶段中等及以上降水天数空间平均值(图 2.31 和图 2.32)。CPC 观测的 1986—2005 年或历史阶段中等及以上降水天数空间平均值与多耦合模式平均值一致性较高:观测为 14.01 d,多耦合模式平均值为 16.79 d,模拟值高于观测值 2.78 d(图 2.31)。各个模式模拟的中等及以上降水天数空间平均值均高于 CPC 观测值:最大高估偏差为 4.27 d,最小高估偏差为 1.15 d。

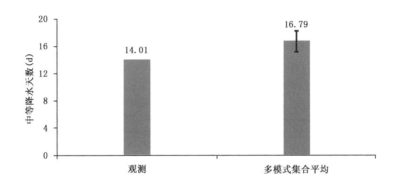

图 2.31　1986—2005 年平均的"一带一路"主要合作区中等及以上降水天数空间
平均值比较(单位:d)
(图中误差条表示 18 个模式最低与最高值的范围)

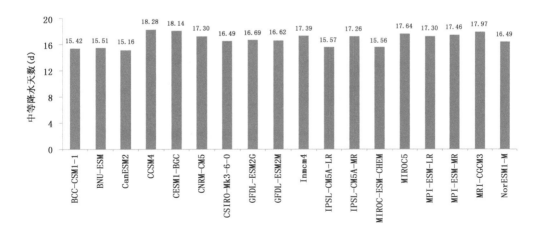

图 2.32　1986—2005 年平均的"一带一路"主要合作区各个模式降尺度
结果模拟的中等及以上降水天数空间平均值(单位:d)

### 2.4.3　强降水天数

强降水天数(日降水率≥20 mm/d)用来表示极端强降水的频率变化。图 2.33 显示,观测的历史阶段强降水天数大值区主要出现在东南亚、东亚季风区、南亚湿润区、赤道附近非洲、南欧及欧洲其他零散区域,普遍在 5 d 以上;强降水天数为 1~5 d 的区域主要包括中东欧、贝加尔湖至东北亚、南亚西北部部分地区等;其余地区的强降水天数普遍不足 1 d。多耦合模式降尺度平均能够模拟出观测的历史阶段强降水天数的大值区及空间分布格局。但是,幅度上存在偏差,比如高估了中南半岛与南亚交界区以及刚果盆地的强降水天数而低估了中东欧的强降水天数。

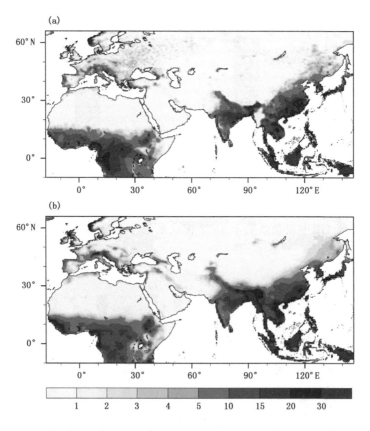

图 2.33　1986—2005 年平均的"一带一路"主要合作区强降水天数空间分布(单位:d)
(a)CPC 观测,(b)多耦合模式平均值

从 18 个全球模式降尺度结果模拟的 1986—2005 年或历史阶段"一带一路"主要合作区强降水天数空间分布来看,各个模式普遍都模拟出了观测的强降水天数大值区与总体空间格局,但在幅度上存在不同程度的偏差(图 2.34 和图 2.33)。

从这些结果可以看出,多耦合模式平均及单个模式对历史阶段"一带一路"主要合作区强降水天数空间分布的模拟性能良好。

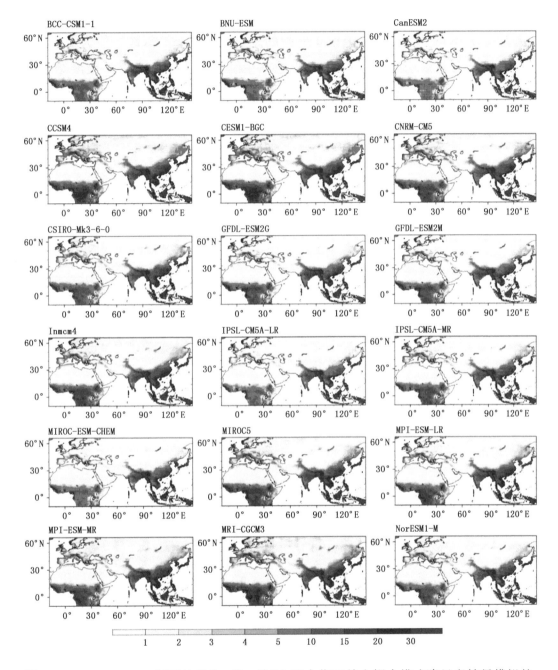

图 2.34 1986—2005 年平均的"一带一路"主要合作区单个耦合模式降尺度结果模拟的强降水天数空间分布(单位:d)

进一步比较了"一带一路"主要合作区域观测、多耦合模式降尺度结果平均以及每个模式降尺度结果模拟的强降水天数历史阶段气候态的空间平均值(图2.35和图2.36)。观测的历史阶段空间平均值为5.04 d,多耦合模式平均值为5.16 d,仅相差0.12 d(图2.35)。单个模式模拟的最高值为6.58 d,最小值为3.67 d(图2.36)。综合分析表明,18个全球气候/地球系统模式的高分辨率降尺度结果与观测的"一带一路"主要合作区历史阶段强降水天数气候态空间分布及空间平均值总体一致性较高,模式间不确定性较小。

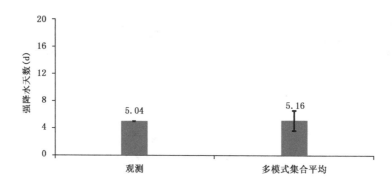

图2.35　1986—2005年平均的"一带一路"主要合作区强降水天数空间
平均值比较(单位:d)

(图中误差条表示18个模式最低与最高值的范围)

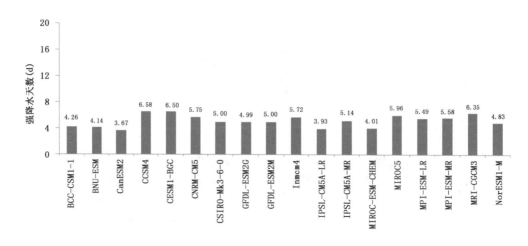

图2.36　1986—2005年平均的"一带一路"主要合作区单个模式降尺度结果模拟的
强降水天数空间平均值(单位:d)

## 2.4.4 最强 5 d 平均降水量

最强 5 d 平均降水量(每年日降水量最多 5 d 的平均降水量)被用来表征极端降水强度的变化。图 2.37 是观测与经过降尺度的多耦合模式结果平均的最强 5 d 平均降水量 1986—2005 年平均值的空间分布。CPC 观测的历史阶段最强 5 d 平均降水量最大值均出现在萨赫勒以南非洲地区、南亚湿润区、东南亚、东亚季风区和西欧地区;最小值位于亚非干旱-半干旱带,即非洲撒哈拉地区、西亚南部、中亚与中国西北地区。多耦合模式平均模拟出了观测的历史阶段最强 5 d 平均降水量的空间分布格局,但是在中东欧、马来群岛等不少地区存在低估偏差。

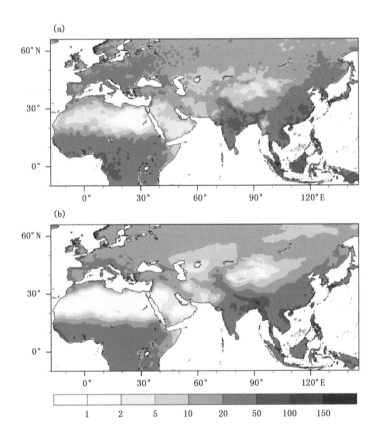

图 2.37 1986—2005 年平均的"一带一路"主要合作区最强 5 d 平均降水量
空间分布(单位:mm/d)

(a)CPC 观测,(b)多耦合模式平均值

图 2.38 给出了每个全球耦合模式降尺度结果模拟的 1986—2005 年平均的"一带一路"主要合作区最强 5 d 平均降水量空间分布。总体而言,单个耦合模式

降尺度结果与 18 个耦合模式降尺度结果平均以及 CPC 观测的最强 5 d 平均降水量的空间分布型相似,表明经过降尺度的耦合模式结果间历史阶段模拟"一带一路"主要合作区最强 5 d 平均降水量的不确定性相对较低,但是在幅度上存在不同程度的偏差 (图 2.38)。

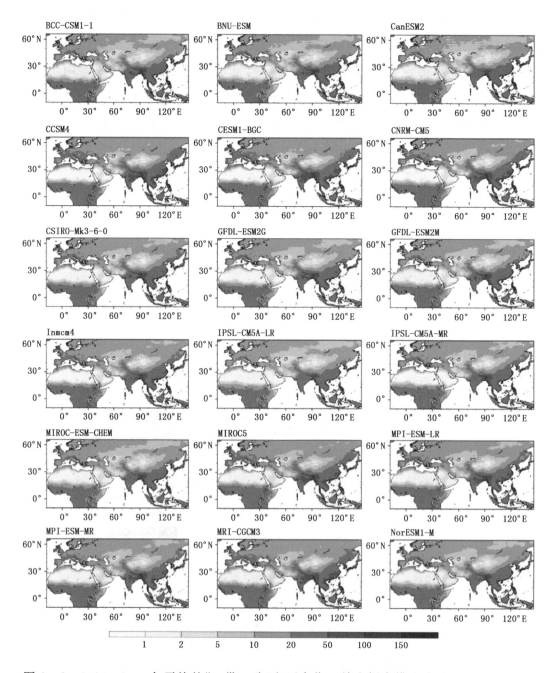

图 2.38　1986—2005 年平均的"一带一路"主要合作区单个耦合模式降尺度结果模拟的
最强 5 d 平均降水量空间分布(单位:mm/d)

图 2.39 和图 2.40 给出了"一带一路"主要合作区观测、多耦合模式降尺度平均及单个耦合模式降尺度模拟的历史阶段最强 5 d 平均降水量空间平均值。历史阶段平均的最强 5 d 平均降水量空间平均观测值为 22.87 mm/d,多耦合模式平均值为 18.17 mm/d(图 2.39),两者间差异为 4.70 mm/d。单个耦合模式而言,"一带一路"主要合作区域历史阶段最强 5 d 平均降水量气候态空间平均值最高值为 21.47 mm/d,最低值为 14.84 mm/d,与观测值的偏差范围为 1.40~8.03 mm/d(图 2.40)。

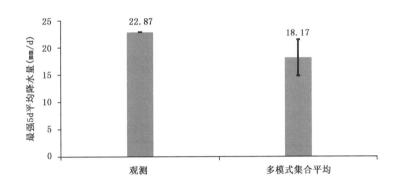

图 2.39 1986—2005 年平均的"一带一路"主要合作区最强 5 d 平均降水量空间平均值比较(单位:mm/d)

(图中误差条表示 18 个模式最低与最高值的范围)

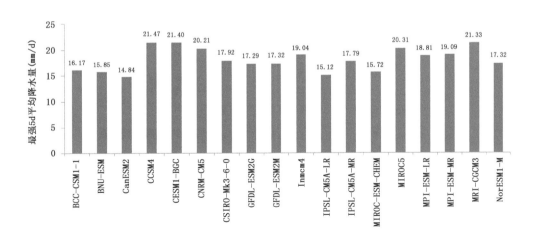

图 2.40 1986—2005 年平均的"一带一路"主要合作区各个模式降尺度结果模拟的最强 5 d 平均降水量空间平均值(单位:mm/d)

### 2.4.5 最干年份降水量

最干年份降水量(20 a 中年降水量最少年份的降水量)用来表示降水表征干旱强度的变化。图 2.41 是 CPC 观测与 18 个全球气候/地球系统耦合模式平均的历史阶段(1986—2005 年)最干年份降水量空间分布。观测的历史阶段最干年份降水量普遍都小于 10 mm/d,大值区出现在刚果盆地、南亚东北部、东南亚及东亚季风区的许多地区,而小值区出现在亚非干旱-半干旱带。多耦合模式平均模拟出了观测的历史阶段最干年份降水的空间分布型,但在数值大小上存在一定差异。

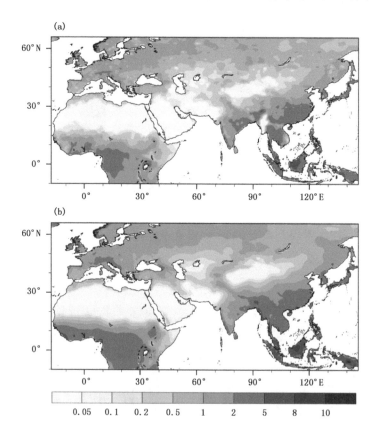

图 2.41　1986—2005 年中"一带一路"主要合作区最干年份降水量空间分布(单位:mm/d)
(a)CPC 观测,(b)多耦合模式平均值

从空间分布格局来看,各个耦合模式模拟的"一带一路"主要合作区历史阶段最干年份降水量与观测以及多耦合模式平均比较一致(图 2.42 和图 2.41)。18个模式之间的历史阶段最干年份降水量空间分布型的相似度较高,但在幅度上都与观测存在偏差,总体上主要表现为高估。

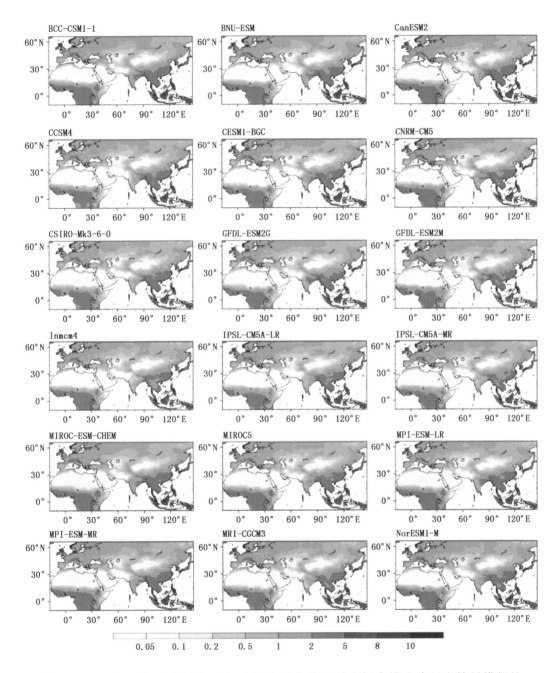

图 2.42 1986—2005 年中"一带一路"主要合作区单个耦合模式降尺度结果模拟的
最干年份降水量空间分布(单位:mm/d)

　　进一步对"一带一路"主要合作区域历史阶段最干年份降水量空间平均的观测值、18个全球耦合模式平均值进行比较可知,观测与多耦合模式平均值的结果分别为0.92 mm/d与1.24 mm/d,差异为0.32 mm/d(图2.43)。从单个模式结果可以看出,最高值为1.37 mm/d,最低值为1.13 mm/d,模式间差异不大但与观测比较均表现为高估。

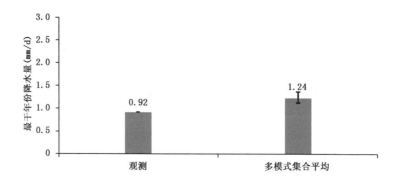

图2.43　1986—2005年中"一带一路"主要合作区最干年份降水量空间
平均值比较(单位:mm/d)
(图中误差条表示18个模式最低与最高值的范围)

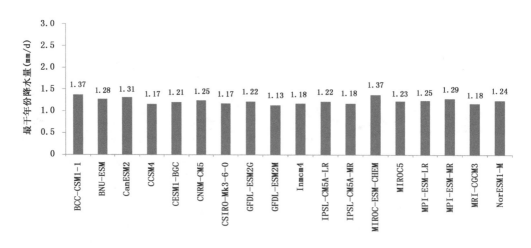

图2.44　1986—2005年中"一带一路"主要合作区各个模式降尺度结果模拟的
最干年份降水量的空间平均值(单位:mm/d)

## 2.4.6 最湿年份降水量

最湿年份降水量(20 a 中年降水量最大年份的降水量)被用来表示极端强降水年份降水值大小。图 2.45 是"一带一路"主要合作区历史阶段 CPC 观测与多耦合模式结果平均的最湿年份降水量的空间分布。观测与多耦合模式结果平均的历史阶段最湿年份降水量小值区均位于撒哈拉沙漠地区、西亚南部、中亚、南亚西北部、中国西北、蒙古国以及中国东北西部等亚非干旱-半干旱带;大值区主要在马来群岛、亚非季风区以及欧洲;中等值区主要出现在北亚、东亚半湿润区等地。幅度上来看,多耦合模式平均主要表现为高估偏差。

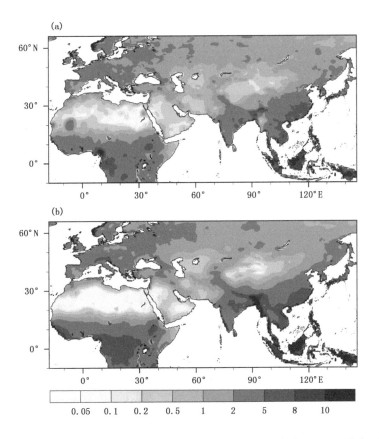

图 2.45 1986—2005 年中"一带一路"主要合作区最湿年份降水量空间分布(单位:mm/d)
(a)CPC 观测,(b)多耦合模式平均值

图 2.46 是 18 个全球耦合模式中每个模式降尺度结果模拟的"一带一路"主要合作区历史阶段最湿年份降水量空间分布。总体来说,单个耦合模式降尺度结果与观测以及多耦合模式平均的最湿年份降水量空间分布相似,表明经过降尺度

的耦合模式结果间历史阶段模拟的"一带一路"主要合作区最湿年份降水量的不确定性相对不高(图 2.46)。

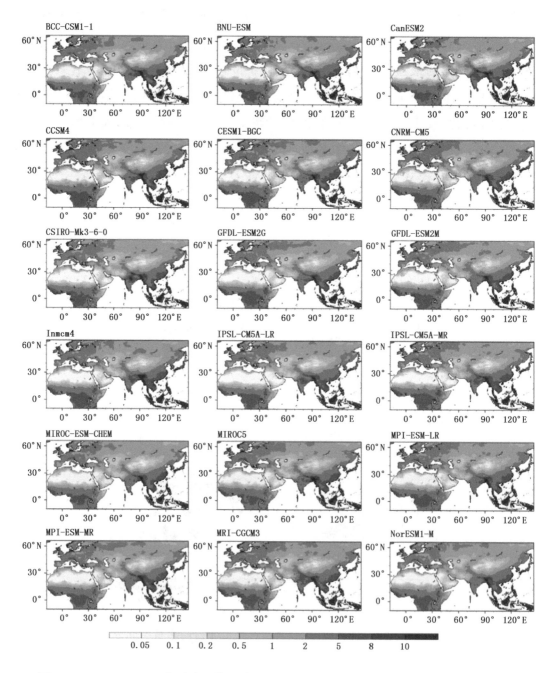

图 2.46　1986—2005 年中"一带一路"主要合作区单个耦合模式降尺度结果模拟的
最湿年份降水量空间分布(单位:mm/d)

图 2.47 和图 2.48 给出了"一带一路"主要合作区 CPC 观测、18 个全球耦合模式降尺度结果平均以及单个模式降尺度结果的最湿年份降水量空间平均值。历史阶段观测与 18 个全球耦合模式平均的空间平均值相对差异不大:观测为 2.18 mm/d,多耦合模式平均值为 2.47 mm/d。就各个模式而言,"一带一路"主要合作区域单个模式模拟的历史阶段最湿年份降水量空间平均值均大于观测值:最高值为 2.63 mm/d,最低值为 2.28 mm/d(图 2.48)。综合来看,18 个全球气候/地球系统模式的高分辨率降尺度结果对"一带一路"主要合作区历史阶段最湿年份降水量空间分布及空间平均值具有相对较高的模拟能力。

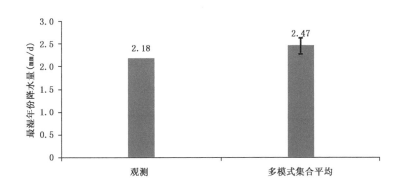

图 2.47 1986—2005 年中"一带一路"主要合作区最湿年份降水量空间平均值比较(单位:mm/d)

(图中误差条表示 18 个模式最低与最高值的范围)

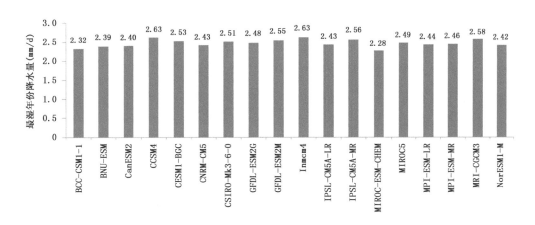

图 2.48 1986—2005 年中"一带一路"主要合作区各个模式降尺度结果模拟的最湿年份降水量空间平均值(单位:mm/d)

## 2.5　小　结

采用来自 NOAA 的 CPC 格点观测数据,基于温度与降水表征的 12 个极端事件频率与强度指数,检验和评估了历史基准阶段(1986—2005 年)经过降尺度的 18 个全球耦合模式结果平均以及各个模式对"一带一路"主要合作区域极端天气气候的模拟性能。极端温度频率指数包括高温日数、高温夜数、低温日数和低温夜数,强度指数包括最热 30 d 日最高温度平均和最冷 30 d 日最高温度平均。极端降水指数有干天天数、中等及以上天数与强降水天数等频率指数以及最强 5 d 平均降水、最干年份降水量与最湿年份降水量等强度指数。

就高温日数而言,多耦合模式降尺度结果平均模拟出了"一带一路"主要合作区历史阶段空间分布特征:最大值均出现在赤道至 30°N,赤道以南地区以及 30°—45°N 许多范围为次多区,最小值位于青藏高原以及 45°N 以北地区。同时,与观测相比多模式平均在幅度上存在偏差,模式间不确定性较低。"一带一路"主要合作区空间平均的历史阶段观测和多耦合模式平均值的高温日数分别为 73.18 d 和 77.83 d,偏差为 4.65 d。

观测的"一带一路"主要合作区历史阶段高温夜数主要发生在除青藏高原外的 35°N 以南区域,大值区主要位于赤道以北非洲、西亚南部、南亚大部分区域以及中南半岛部分区域,次大值出现在中国东部、马来群岛、中亚南部和刚果盆地。多耦合模式平均的高温夜数空间分布格局与观测相似,模式间不确定性不高,但在幅度上存在偏差。观测的"一带一路"主要合作区历史阶段平均高温夜数空间平均值为 26.73 d,多耦合模式平均值为 19.07 d,偏差为 7.66 d。

就低温日数而言,"一带一路"主要合作区历史阶段观测与多耦合模式平均的空间分布格局一致性高。在 30°N 以南地区普遍不出现或很少出现低温天气,而在以北地区低温日数大体上从南到北不断增多,其中,青藏高原以及欧亚相对较高的纬度(55°N 以北)地区的低温日数最多。"一带一路"主要合作区域观测和多耦合模式降尺度结果平均的低温日数空间平均值分别为 101.34 d 和 102.30 d,二者相差不到 1 d。18 个模式低温日数空间格局与空间平均值的相似性较高,模式间不缺性低。

观测的"一带一路"主要合作区历史阶段低温夜数主要出现在 20°N 以北地区,南北梯度明显,其中大值区出现在青藏高原和欧亚相对较高的纬度(50°N 以北)地区。多耦合模式降尺度结果平均能够模拟出"一带一路"主要合作区域低温夜数历史阶段空间分布格局,模式间不确定性不高。观测与多耦合模式平均的"一带一路"主要合作区域历史阶段低温夜数空间平均值分别为 131.83 d 和 137.04 d,偏差为 5.21 d。

就最热 30 d 日最高温度平均而言,观测与 18 个全球耦合模式降尺度结果平均模拟的"一带一路"主要合作区历史阶段空间分布格局较为一致。最高值均出现在 10°N 以北的非洲、西亚与南亚许多地区。观测的"一带一路"主要合作区历史阶段最热 30 d 日最高温度平均的空间平均值为 32.69℃,多耦合模式平均值为 31.76℃,相对差异不大。同时,不管是空间分布还是空间平均值,模式间不确定性均较低。

就最冷 30 d 日最高温度平均而言,观测与多耦合模式降尺度结果平均的"一带一路"主要合作区历史阶段空间分布型相似,一些地区幅度差异比较明显。观测和多耦合模式平均的"一带一路"主要合作区最冷 30 d 日最高温度平均的空间平均值分别为 1.52℃和 3.34℃,模拟结果偏高 1.82℃。

观测与多耦合模式降尺度结果平均的"一带一路"主要合作区历史阶段干天天数最大值均出现在亚非干旱-半干旱带的广大区域,即撒哈拉沙漠及附近地区、西亚、中亚、南亚西南部、中国西北、蒙古与中国东北西部;最小值则均位于马来群岛。"一带一路"主要合作区观测和多耦合模式降尺度结果模拟的干天天数空间平均值分别为 288.26 d 和 266.21 d,模拟值高于观测值 22.05 d。

观测的"一带一路"主要合作区历史阶段中等及以上降水天数最大值出现在马来群岛;次大值位于萨赫勒以南非洲许多地区、欧洲部分区域、南亚湿润区、中南半岛和东亚季风区;亚非干旱-半干旱带的中等及以上降水天数最少。多耦合模式平均能够模拟出观测的历史阶段中等及以上降水天数空间分布,但在幅度上有偏差。"一带一路"主要合作区域中等及以上降水天数观测与多耦合模式平均的历史阶段空间平均值相差不大:观测值为 14.01 d,多耦合模式平均值为 16.79 d。

就历史阶段平均的年强降水天数而言,东南亚、东亚季风区、南亚湿润区、赤道附近非洲、南欧等地区观测值普遍在 5 d 以上;中东欧、贝加尔湖至东北亚、南亚西北部部分地区等为 1~5 d;其余地区普遍不足 1 d。多耦合模式平均能够模拟出观测的强降水天数的空间分布,同时幅度上有一定偏差。"一带一路"主要合作区历史阶段强降水天数空间平均值为 5.04 d,多耦合模式平均值为 5.16 d,两者一致性较高。

　　"一带一路"主要合作区历史阶段观测的最强 5 d 平均降水量与多耦合模式降尺度平均模拟的空间分布相似：最大值均出现在萨赫勒以南非洲地区、南亚湿润区、东南亚、东亚季风区与西欧地区；最小值位于亚非干旱-半干旱带的广大区域。"一带一路"主要合作区域历史阶段多耦合模式平均最强 5 d 平均降水量的空间平均值为 18.17 mm/d，比观测值低 4.70 mm/d。

　　观测的"一带一路"主要合作区历史阶段最干年份降水量大值位于刚果盆地、南亚东北部、东南亚以及东亚季风区的许多面积；小值区出现在亚非干旱-半干旱带。多耦合模式降尺度结果平均模拟的历史阶段最干年份降水量空间分布格局与观测一致性较高。观测的"一带一路"主要合作区域历史阶段最干年份降水量空间平均值为 0.92 mm/d，多耦合模式平均值为 1.24 mm/d。

　　观测与 18 个全球耦合模式降尺度结果平均模拟的"一带一路"主要合作区历史阶段最湿年份降水量空间分布较为一致：小值出现在萨赫勒沙漠、西亚南部、中亚、南亚西北部、中国西北部、蒙古国、中国东北西部等地；大值区主要出现在马来群岛、亚非季风区以及欧洲。观测和多耦合模式平均模拟的"一带一路"主要合作区历史阶段最湿年份降水量的空间平均值分别为 2.18 mm/d 和 2.47 mm/d，相对差异不大。

　　综合而言，基于 12 个极端天气气候频率与强度指数，采用 CPC 观测进行的检验与评估表明，来自 NASA 的经过降尺度到 0.25°×0.25° 的 18 个全球耦合模式集合平均普遍能够模拟出"一带一路"主要合作区域历史阶段极端天气气候的空间分布格局与空间平均值。

第 3 章

# "一带一路"主要合作区域温度
# 表征极端天气气候未来预估

# 3.1 引　言

全球气候暖化热化背景下,高温酷热、干旱野火、暴雨洪水等极端事件发生频次更高,强度更强,对人类生计与健康、粮食生产与食物安全、生态环境与生物多样性等造成越来越大的损害,是 21 世纪需要全球共同应对的一个极其严峻的挑战(IPCC,2014;WEF,2019)。显著增加的极端高温危害严重,不仅通过自身的直接影响,而且通过引起野火与干旱等产生间接影响。2018 年 2 月,北极地区出现历史最高气温,夏季罕见高温侵袭北半球,引起全球对气候变化严重性影响的更普遍担忧。《柳叶刀 2030 倒计时》2018 年度报告显示,人类社会对极端高温的脆弱性呈现全球性稳定加剧,2017 年暴露于极端热事件的人口数量比 2000 年增加了 1.57 亿,损失的劳动总小时数则增加了 620 亿(Watts et al.,2018)。

本章主要采用了来自 NASA 的 18 个全球耦合模式的逐日 0.25°×0.25°高分辨率统计降尺度日最高温度、日最低温度数据,模式与数据说明见第 2 章。本章所采用的时间段包括历史时段(1986—2005 年),以及未来 20 a(2020—2039 年)、21 世纪中叶(2040—2059 年)与 21 世纪末(2080—2099 年)三个未来时段。采用高温日数、高温夜数、低温日数、低温夜数、最热 30 d 日最高温度平均、最冷 30 d 日最高温度平均等 6 个温度表征极端事件频率和强度指标,基于 18 个全球耦合模式降尺度数据,预估了"一带一路"主要合作区域中等和高排放情景下(RCP4.5 和 RCP8.5)未来三个时段极端温度变化,并揭示出了主要特征及关键区。统计显著性采用 t 检验,18 个模式间的 1 个标准差被用来表征未来预估的模式间不确定性。

# 3.2 温度表征极端事件频率变化预估

## 3.2.1 高温日数

图 3.1 给出了与 1986—2005 年历史气候态相比,RCP4.5 和 RCP8.5 排放情景下多耦合模式集合预估的"一带一路"主要合作区高温日数未来变化空间分布格局。图 3.2 则提供了未来变化的统计显著性检验与 18 个模式间的预估不确定性。在两种排放情景下,未来 20 a(2020—2039 年)、21 世纪中叶(2040—2059 年)和 21 世纪末(2080—2099 年)"一带一路"主要合作区高温日数变化的空间分布相

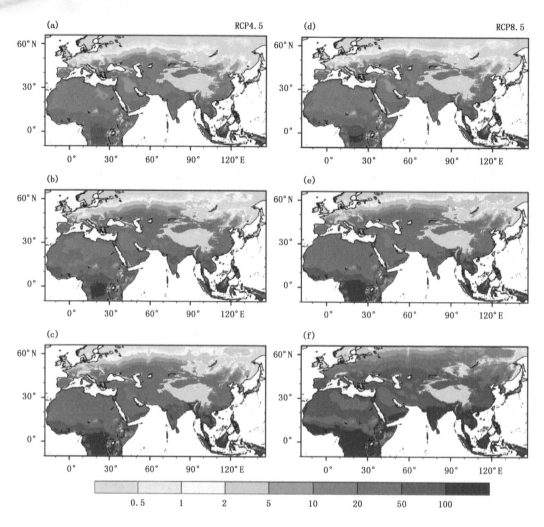

图 3.1　中等(a~c)与高(d~f)排放情景下,相对于历史基准时段(1986—2005 年),降尺度到 0.25°的 18 个耦合模式集合预估的"一带一路"高温日数未来变化空间分布(单位:d)

(a)、(d) 未来 20 a(2020—2039 年);(b)、(e) 21 世纪中叶(2040—2059 年);

(c)、(f) 21 世纪末(2080—2099 年)

似,表现为除青藏高原、蒙古国中西部及其他少部分地区外的主要合作区域高温日数显著增多(99%信度水平)。未来高温日数增加的关键区主要出现在非洲北部、欧洲中南部、西亚、中亚、南亚、东南亚以及东亚除青藏高原及蒙古国中西部以外的地区。中等或高排放情景下,高温日数从未来 20 a 至 21 世纪中叶到 21 世纪末的增加幅度均不断增强。比如在 RCP4.5 情景下,55°N 以北相对寒冷地区高温日数在未来 20 a 的增加幅度普遍小于 0.5 d,在 21 世纪中叶增幅增大,到了 21 世纪末,增幅在许多地区超过 2 d。在未来三个时段中的任何一个时段,RCP8.5 情景下"一带一路"主要合作区高温日数的增加幅度均比 RCP4.5 情景下更大。高排放情景下,45°N 以南的许多地区高温日数在 21 世纪末增加幅度超过 50 d,刚果盆地及周围地区、印度半岛、东南亚等地高温日数增加幅度甚至在 100 d 以上。在历史阶段及三个未来时段,属于高山气候的青藏高原均很少或不发生日最高温度在 32℃ 以上的高温天气。

18 个模式预估结果(相对于历史时段)的 1 个标准差被用来表示未来高温日数变化的模式间不确定性。从图 3.2 可以看出,在两种排放情景下,未来 20 a、21世纪中叶和 21 世纪末"一带一路"主要合作区高温日数模式间不确定性主要表现

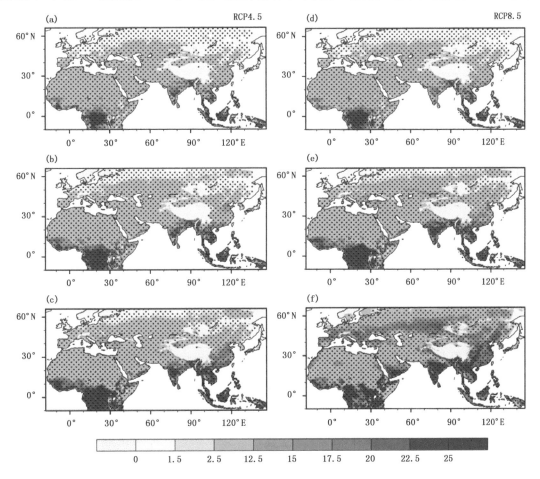

图 3.2  中等(a~c)与高(d~f)排放情景下,"一带一路"主要合作区未来高温日数变化模式间不确定性及信度水平。(a)、(d) 未来 20 a(2020—2039 年);(b)、(e) 21 世纪中叶(2040—2059 年);(c)、(f) 21 世纪末(2080—2099 年)

(打圆点区域(模式降尺度数据格点密集,圆点不与之对应)表示通过 99% 信度水平,

不确定性为 18 个模式降尺度预估结果的 1 个标准差,单位:d)

为在高温日数变化幅度大的地区对应模式间不确定性也较大;反之,在变化幅度较小的地区对应模式间不确定性也较小。最高区主要出现在刚果盆地、南亚和东南亚,表明这些地区高温日数未来预估结果模式间不确定性高。RCP4.5 或RCP8.5 情景下,高温日数模式间不确定性从未来 20 a 至 21 世纪中叶到 21 世纪末不断增大;同未来时段,RCP8.5 情景下高温日数模式间不确定性普遍比 RCP4.5 情景下更高。总体而言,相对于图 3.1 所示的高温日数未来变化幅度,模式间不确定性不大。

图 3.3~图 3.5 给出了 RCP4.5 情景下相比于历史阶段(1986—2005 年),降尺度到 0.25°的各个耦合模式预估的"一带一路"主要合作区域高温日数未来 20 a(2020—2039 年)、21 世纪中叶(2040—2059 年)与 21 世纪末(2080—2099 年)变化的空间分布。在中等排放情景下,未来三个时段各个耦合模式预估的高温日数变化的空间结构一致性较高。总体上表现为除青藏高原和欧亚 55°N 以北地区外,普遍呈现明显增加,且增加幅度从未来 20 a 至 21 世纪中叶到 21 世纪末不断增大。在未来 20 a,18 个耦合模式预估的高温日数最大增幅大体都出现在刚果盆地、南亚和东南亚;55°N 以北地区和青藏高原的高温日数增加幅度大多低于 0.5 d,55°N 以北地区幅度增高最大的三个模式为 BNU-ESM、CanESM2 与 NorESM1-M(图 3.3)。21 世纪中叶和 21 世纪末各个耦合模式在中等排放情景下预估的高温日数空间分布与未来 20 a 预估结果相似,但高温日数的增加幅度进一步增大(图 3.4 和图 3.5)。例如,在 21 世纪末 18 个耦合模式普遍预估刚果盆地高温日数增加幅度不低于 100 d。

图 3.6~图 3.8 给出了相比于历史时段,单个耦合模式 0.25°×0.25°高分辨率降尺度结果预估的未来 20 a、21 世纪中叶与 21 世纪末"一带一路"主要合作区高温日数在 RCP8.5 情景下变化的空间分布。在 RCP8.5 情景下,未来三个时段各个耦合模式预估的"一带一路"主要合作区高温日数表现为除青藏高原及其他一些相对高纬度地区以外,普遍明显增多,且增加值随着时间推移而增大(图 3.6~图 3.8)。比较来看,RCP8.5 与 RCP4.5 情景下各个模式预估的高温日数变化空间格局整体上呈现一致,但是变化幅度在同未来时段 RCP8.5 比 RCP4.5 情景下更高。RCP8.5 情景下的未来 20 a,刚果盆地、南亚和东南亚的高温日数增加值最大,大部分模式预估的增加值超过 50 d;增加最小值出现在青藏高原与较高纬度地区,在 55°N 以北地区 BNU-ESM、CanESM2、CESM1-BGC 和 NorESM1-M模式预估的高温日数增加幅度比其他模式更高(图 3.6)。RCP8.5 情景下,在 21 世

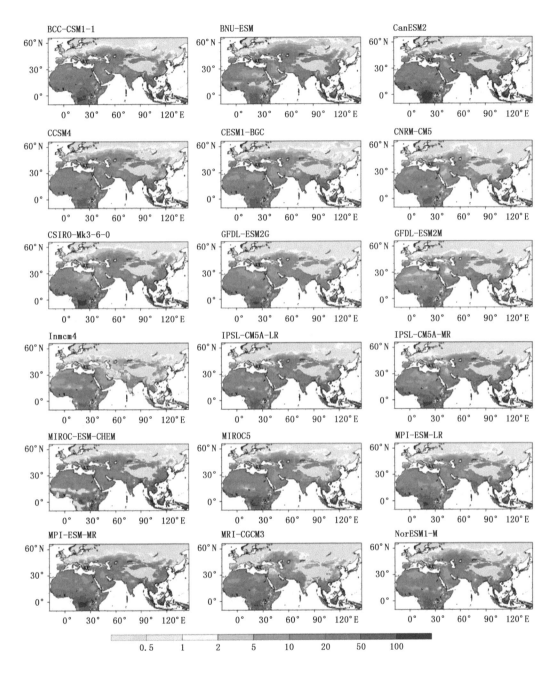

图 3.3　RCP4.5 情景下,相对于历史时段(1986—2005 年),降尺度到 0.25°的各个耦合模式预估的未来 20 a(2020—2039 年)"一带一路"主要合作区高温日数变化空间分布(单位:d)

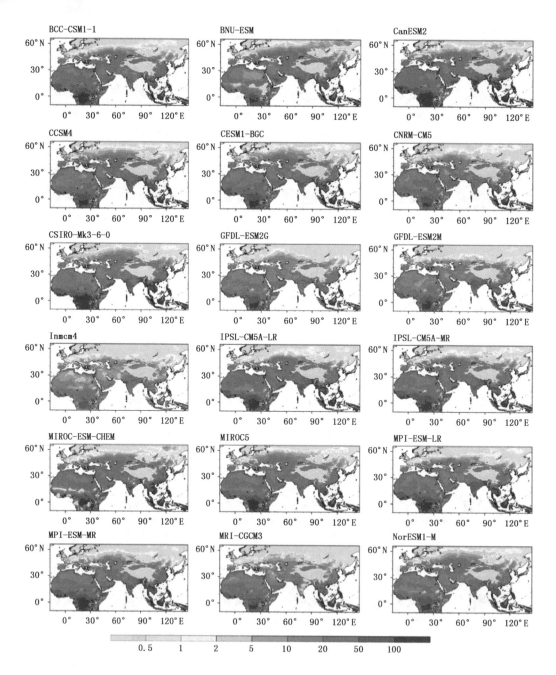

图 3.4　RCP4.5 情景下,相对于历史时段(1986—2005 年),降尺度到 0.25°的各个耦合模式预估的 21 世纪中叶(2040—2059 年)"一带一路"主要合作区高温日数变化空间分布(单位:d)

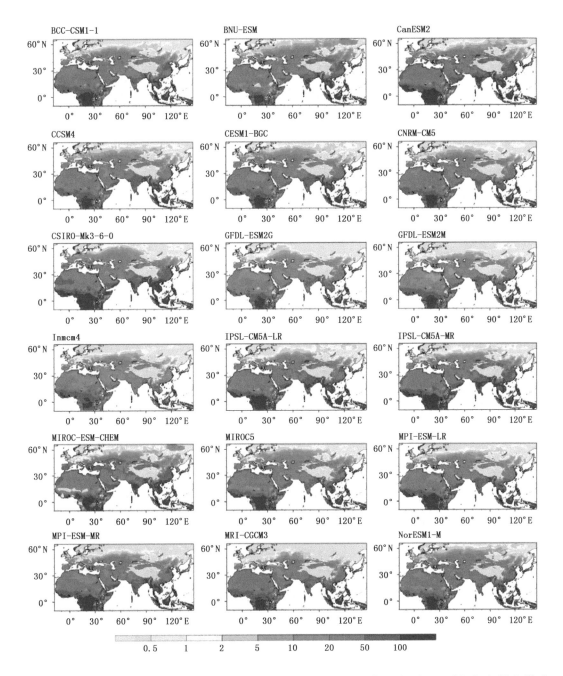

图 3.5 RCP4.5 情景下,相对于历史时段(1986—2005 年),降尺度到 0.25°的各个耦合模式预估的 21 世纪末(2080—2099 年)"一带一路"主要合作区高温日数变化空间分布(单位:d)

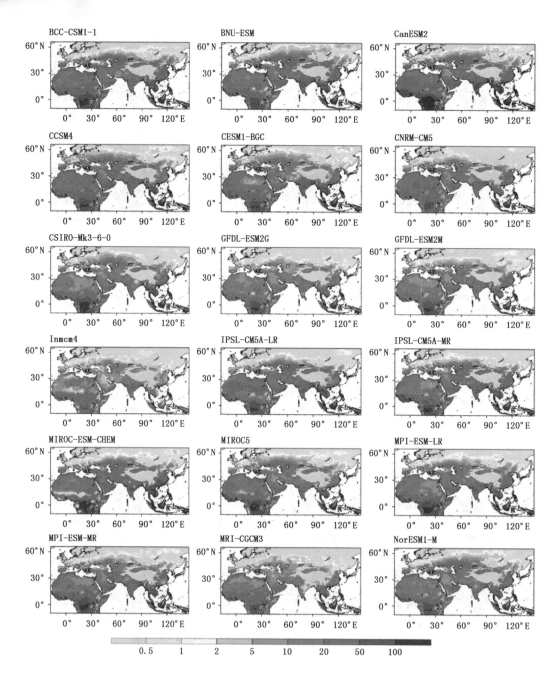

图 3.6 RCP8.5 情景下,相比于历史时段(1986—2005 年),降尺度到 0.25°的各个耦合模式
预估的未来 20 a(2020—2039 年)"一带一路"主要合作区高温日数变化空间分布(单位:d)

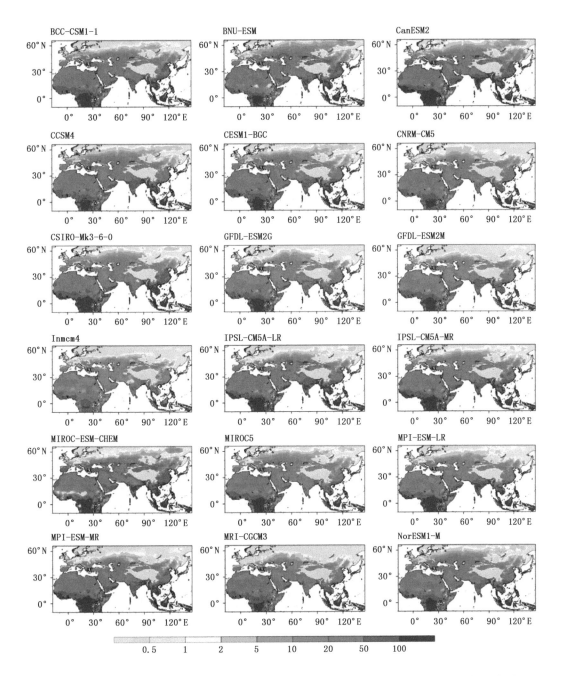

图 3.7 RCP8.5 情景下,相比于历史时段(1986—2005 年),降尺度到 0.25°的各个耦合模式
预估的 21 世纪中叶(2040—2059 年)"一带一路"主要合作区高温日数变化空间分布(单位:d)

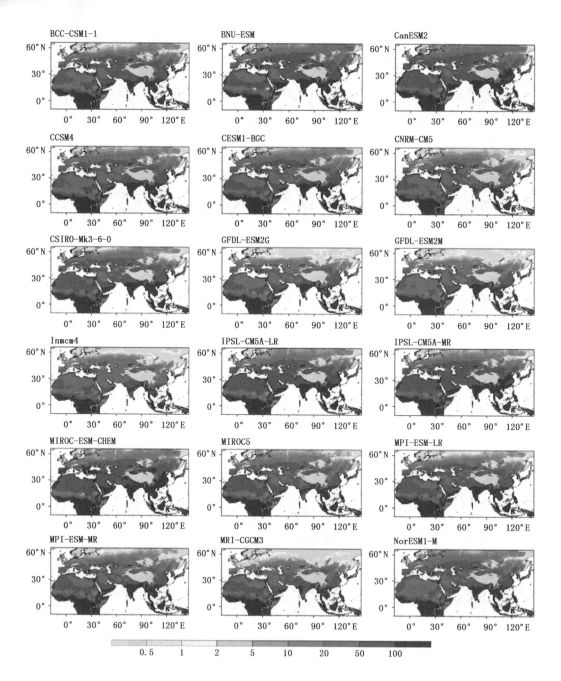

图 3.8 RCP8.5 情景下,相比于历史时段(1986—2005 年),降尺度到 0.25°的各个耦合模式预估的 21 世纪末(2080—2099 年)"一带一路"主要合作区高温日数变化空间分布(单位:d)

纪中叶和 21 世纪末 18 个耦合模式预估的高温日数增加幅度普遍进一步增高(图 3.7 和图 3.8)。在 21 世纪末,除 GFDL-ESM2G、GFDL-ESM2M、Inmcm4 和 MRI-CGCM3 以外的大部分模式预估较高纬度地区高温日数增加幅度在 5 d 左右或以上。RCP4.5 与 RCP8.5 排放情景下,未来 20 a 高温日数增加幅度总体上差异不大,但从 21 世纪中叶至 21 世纪末差异明显增加。尤其是在 21 世纪末,各个模式预估的高温日数增加幅度在高排放情景下比中等排放情景下大得多。

图 3.9 显示在 RCP4.5 与 RCP8.5 两种情景下,相对于历史时段(1986—2005 年),18 个全球耦合模式降尺度结果集合预估的"一带一路"主要合作区高温日数的空间平均值在未来 20 a、21 世纪中叶和 21 世纪末均表现为显著增加(99%信度水平)。相同未来时段,RCP8.5 情景下的增幅大于 RCP4.5 情景下;相同排放情景下,未来 20 a 至 21 世纪中叶到 21 世纪末高温日数增幅不断增大。中等排放情景下,"一带一路"主要合作区高温日数在未来 20 a、21 世纪中叶与 21 世纪末空间平均增加值分别为 14.70 d、22.92 d 和 32.05 d;高排放情景下,未来三个时段的增加值分别为 16.87 d、31.00 d 和 61.86 d。同排放情景下,未来三个时段模式间的不确定性不断增大。同未来时段,模式间不确定性在 RCP8.5 情景下较 RCP4.5 情景下大。在 RCP4.5 情景下,"一带一路"主要合作区域增加幅度未来 20 a、21 世纪中叶和 21 世纪末模式间的标准差分别为 3.30 d、5.13 d 和 6.56 d;在 RCP8.5 情景下,分别为 3.62 d、6.22 d 和 9.93 d(图 3.9)。

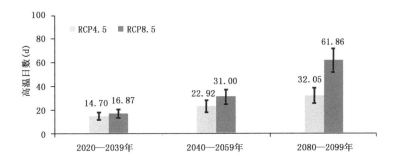

图 3.9　中等(RCP4.5)与高(RCP8.5)排放情景下,降尺度到 0.25°的 18 个耦合模式集合预估的"一带一路"主要合作区高温日数空间平均值未来 20 a(2020—2039 年),21 世纪中叶(2040—2059 年)和 21 世纪末(2080—2099 年)的变化(单位:d)。未来变化为相对于历史基准期(1986—2005 年)差异,全部数值均通过 99%信度水平,误差条范围为正负模式间标准差

图 3.10 是相对于历史时段(1986—2005 年),各个耦合模式降尺度结果预估的"一带一路"主要合作区未来 20 a(2020—2039 年)、21 世纪中叶(2040—2059 年)和 21 世纪末(2080—2099 年)高温日数空间平均值在 RCP4.5 和 RCP8.5 情景下的变化。各个耦合模式预估的"一带一路"主要合作区高温日数空间平均值与多模式平均结果相似,即两种情景下的未来三个时段单模式预估结果均表现为一致增加;同排放情景下,高温日数的增加值随时间向前推进而变大;同未来时段,高排放情景下的增加值大于中等排放情景。在两种情景下未来三个时段,CanESM2、CSIRO-Mk3-6-0、IPSL-CM5A-MR 与 MIROC-ESM-CHEM 等模式预估结果比多耦合模式平均结果明显偏高,而明显偏低的模式有 CNRM-CM5、Inmcm4 与 MRI-CGCM3;其余模式结果与多模式平均相对比较接近(图 3.9,

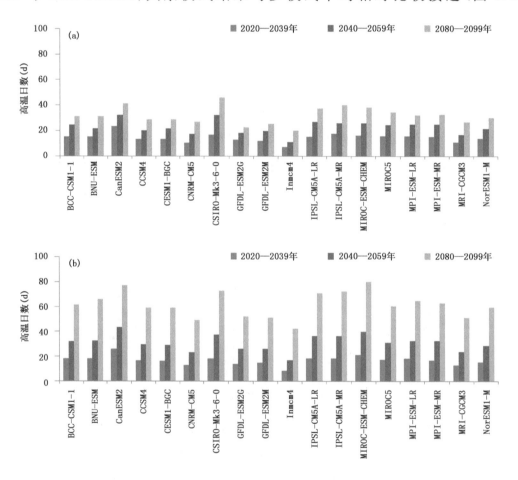

图 3.10  (a)RCP4.5 和(b)RCP8.5 情景下,相对于历史时段(1986—2005 年),降尺度到 0.25°

的 18 个耦合模式预估的"一带一路"主要合作区空间平均的高温日数未来 20 a

(2020—2039 年)、21 世纪中叶(2040—2059 年)和 21 世纪末(2080—2099 年)的变化(单位:d)

图 3.10a 和 b)。同排放情景下,单个耦合模式预估结果通常在 21 世纪末最高。同未来时段,RCP8.5 比 RCP4.5 排放情景下高温日数增多更明显。在 RCP4.5 情景下,单个耦合模式与多模式平均结果的差异均在 −10～10 d;而在 RCP8.5 情景下,差异则在 −20～20 d。

## 3.2.2 高温夜数

图 3.11 是"一带一路"主要合作区未来 20 a(2020—2039 年)、21 世纪中叶(2040—2059 年)和 21 世纪末(2080—2099 年)高温夜数相对于历史时段(1986—

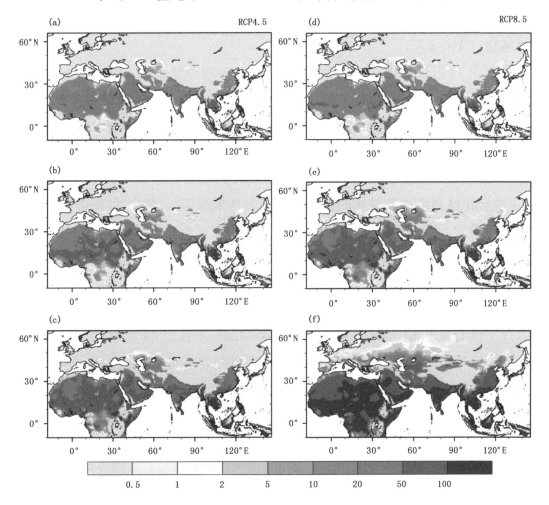

图 3.11 中等(a～c)与高(d～f)排放情景下,相对于历史基准时段(1986—2005 年),降尺度到 0.25°的 18 个耦合模式集合预估的"一带一路"主要合作区高温夜数未来变化空间分布(单位:d)

(a)、(d)未来 20 a(2020—2039 年),(b)、(e)21 世纪中叶(2040—2059 年),

(c)、(f)21 世纪末(2080—2099 年)

2005 年)在 RCP4.5 和 RCP8.5 排放情景下变化的空间分布。在两种情景下的未来三个时段,"一带一路"主要合作区高温夜数变化的空间分布格局较为相似。在赤道以北非洲、西亚大部分地区、南亚、东南亚许多地区、中亚不少地区以及中国东部地区,高温夜数普遍明显增加(99%信度水平,图 3.12)。尤其是在非洲北部、阿拉伯半岛、南亚南部和中南半岛增多最明显,中国东部沿海、马来群岛东部与中亚部分地区增幅次之。在中等或高排放情景下,从未来 20 a 到 21 世纪中叶推进至 21 世纪末,高温夜数增加幅度不断增大。同未来时段,"一带一路"主要合作区高温夜数的增加幅度在 RCP8.5 情景下比在 RCP4.5 情景下更大。高排放情景下的 21 世纪末,非洲北部、阿拉伯半岛、南亚、东南亚与中国华南的不少地区高温夜数增幅超过 100 d。

从图 3.12 可以看出,在 RCP4.5 与 RCP8.5 两种情景下,未来 20 a、21 世纪中叶和 21 世纪末"一带一路"主要合作区高温夜数的模式间不确定性空间分布格局与高温夜数变化的空间分布格局比较一致。在高温夜数增多关键区域,包括赤道以北非洲、西亚大部分地区、南亚、东南亚许多地区、中亚不少地区以及中国东部地区,模式间标准差较大,而在其他地区则普遍较小。同排放情景下,"一带一路"主要合作区高温夜数变化的模式间标准差从未来 20 a 至 21 世纪中叶到 21 世纪末不断增大。同未来时段,高温夜数变化的模式间标准差在 RCP8.5 情景下比 RCP4.5 情景下更高。同时,与高温夜数变化值比较,绝大部分地区模式间标准差相对都不高。

图 3.13～图 3.15 给出了在 RCP4.5 情景下,相对于历史时段(1986—2005 年),各个耦合模式预估的未来 20 a(2020—2039 年)、21 世纪中叶(2040—2059 年)与 21 世纪末(2080—2099 年)"一带一路"主要合作区高温夜数的空间变化特征。在 RCP4.5 情景下的三个未来时段,18 个耦合模式预估的"一带一路"主要合作区高温夜数未来变化的空间结构普遍与多耦合模式平均结果相似:普遍表现为在非洲北部、阿拉伯半岛、南亚南部和中南半岛增加最大,中国东部沿海、马来群岛东部与中亚部分地区增幅次之,其他地区普遍增幅或变化小。与多耦合模式平均结果一致,各个模式预估的高温夜数随着时段推进增幅变大(图 3.13～图 3.15)。

图 3.16～图 3.18 给出了相对于历史时段(1986—2005 年),单个耦合模式预估的未来 20 a(2020—2039 年)、21 世纪中叶(2040—2059 年)与 21 世纪末(2080—2099 年)"一带一路"主要合作区高温夜数在 RCP8.5 情景下变化的空间分布。在 RCP8.5 情景下,未来三个时段单个模式预估的"一带一路"主要合作区

高温夜数变化的空间结构总体上与 RCP4.5 情景下的空间结构相似,但增幅更大。在未来 20 a,RCP8.5 与 RCP4.5 情景下单个模式预估的高温夜数增幅相差不大。到 21 世纪中叶,单个模式预估的高温夜数增幅在高排放情景下明显比在中等排放情景下更大;推进至 21 世纪末,两种情景下高温夜数增幅差异更明显。

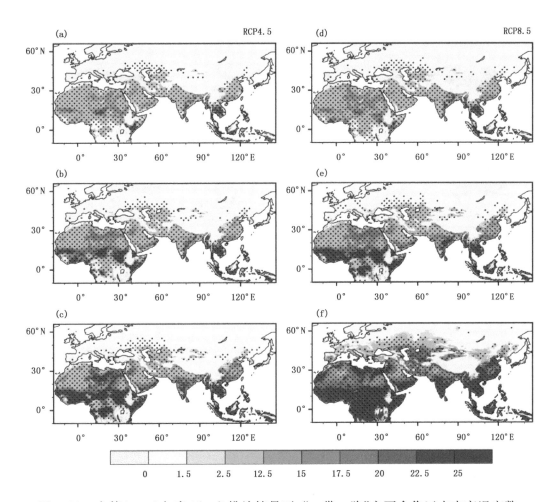

图 3.12　中等(a～c)与高(d～f)排放情景下,"一带一路"主要合作区未来高温夜数
变化模式间不确定性及信度水平

(a)、(d)未来 20 a(2020—2039 年),(b)、(e)21 世纪中叶(2040—2059 年),

(c)、(f)21 世纪末(2080—2099 年)

显著性检验基于 18 个全球耦合模式 0.25°×0.25°高分辨率降尺度结果平均值,

打圆点区域(模式降尺度数据格点密集,圆点不与之对应)表示通过 99%信度水平,

不确定性为 18 个模式降尺度预估结果的 1 个标准差(单位:d)

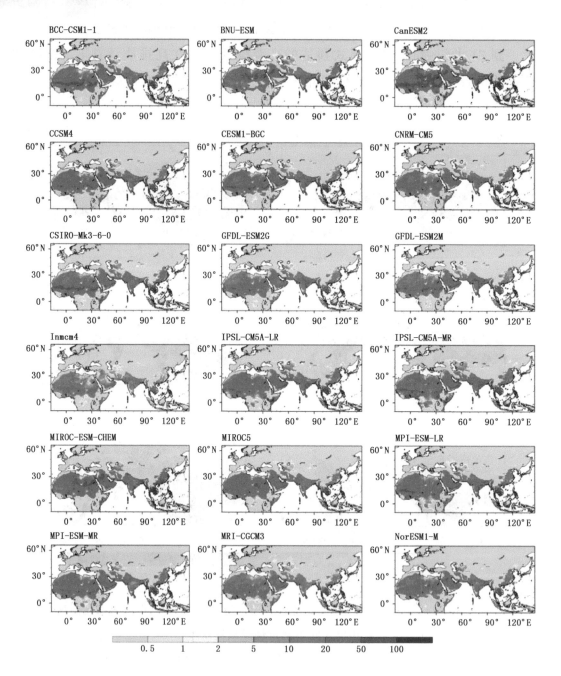

图 3.13　RCP4.5情景下，相对于历史时段(1986—2005 年)，降尺度到 0.25°的各个耦合模式预估的未来 20 a(2020—2039 年)"一带一路"主要合作区高温夜数变化空间分布(单位:d)

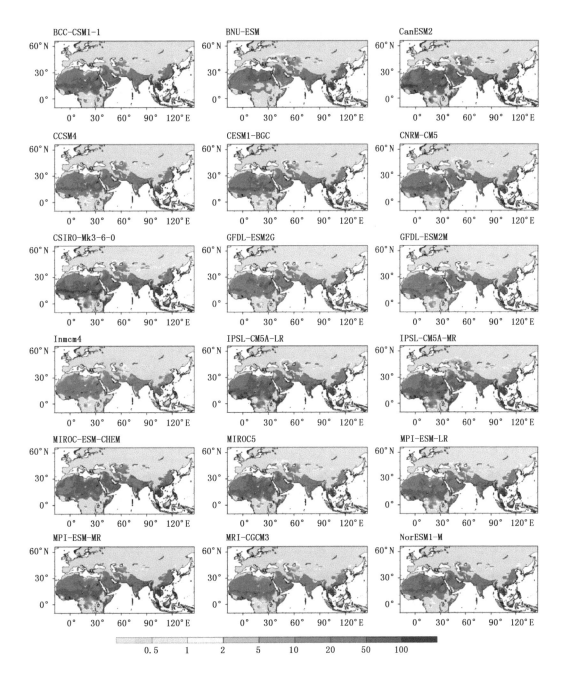

图 3.14 RCP4.5 情景下,相比于历史时段(1986—2005 年),降尺度到 0.25°的各个耦合模式预估的 21 世纪中叶(2040—2059 年)"一带一路"主要合作区高温夜数变化空间分布(单位:d)

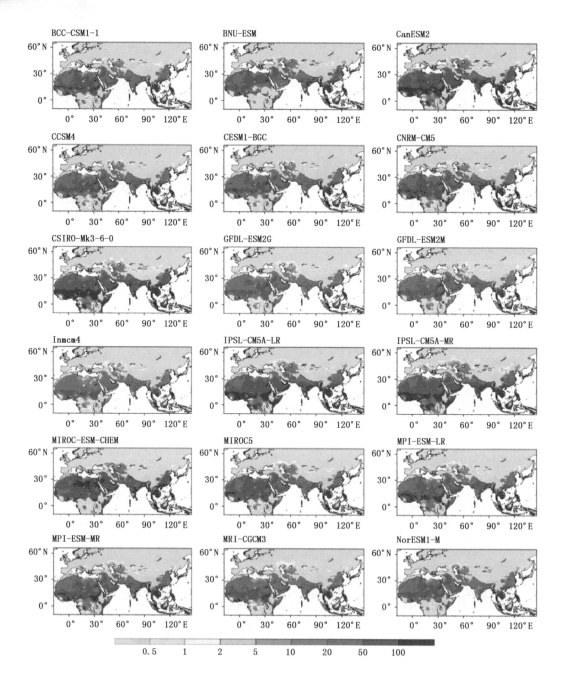

图 3.15　RCP4.5 情景下,相对于历史时段(1986—2005 年),降尺度到 0.25°的各个耦合模式
预估的 21 世纪末(2080—2099 年)"一带一路"主要合作区高温夜数变化空间分布(单位:d)

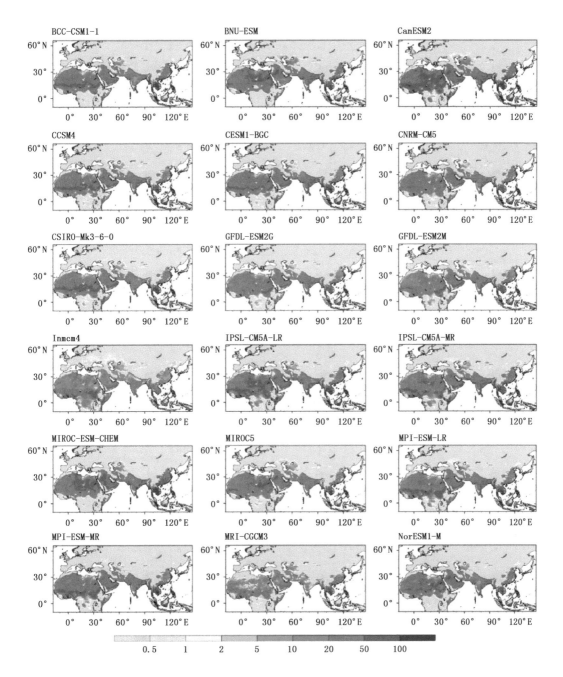

图 3.16  RCP8.5 情景下,相对于历史时段(1986—2005 年),降尺度到 0.25°的各个耦合模式预估的未来 20 a(2020—2039 年)"一带一路"主要合作区高温夜数变化空间分布(单位:d)

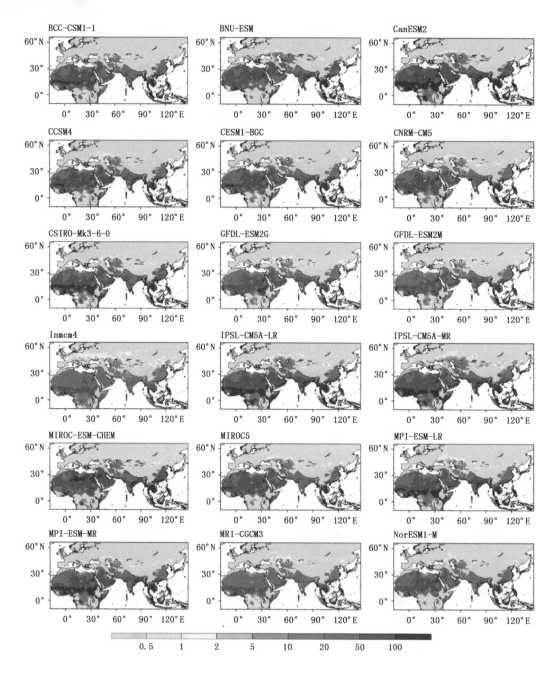

图 3.17　RCP8.5 情景下,相对于历史时段(1986—2005 年),降尺度到 0.25°的各个耦合模式预估的 21 世纪中叶(2040—2059 年)"一带一路"主要合作区高温夜数变化空间分布(单位:d)

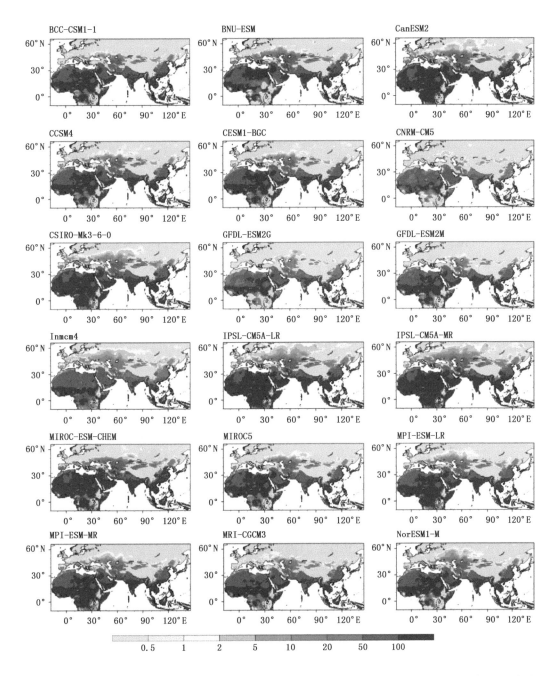

图 3.18 RCP8.5 情景下,相对于历史时段(1986—2005 年),降尺度到 0.25°的各个耦合模式预估的 21 世纪末(2080—2099 年)"一带一路"主要合作区高温夜数变化空间分布(单位:d)

图 3.19 给出了在 RCP4.5 与 RCP8.5 情景下,相对于历史阶段(1986—2005年),"一带一路"主要合作区空间平均的高温夜数未来 20 a(2020—2039 年)、21世纪中叶(2040—2059 年)和 21 世纪末(2080—2099 年)的变化。在两种排放情景下,相比于历史时段,"一带一路"主要合作区高温夜数的空间平均值在未来20 a、21 世纪中叶和 21 世纪末均表现为显著增加(99%信度水平)。同未来时段,高排放情景下高温夜数的增幅更大;同排放情景下,从未来 20 a 至 21 世纪中叶到21 世纪末高温夜数增幅不断增大。在 RCP4.5 和 RCP8.5 情景下,"一带一路"主要合作区高温夜数空间平均值未来 20 a 增幅分别为 10.34 d 和 12.43 d;21 世纪中叶增加值分别为 16.86 d 和 24.55 d;至 21 世纪末,增多分别为 24.48 d 和55.75 d。同排放情景下,从未来 20 a 推进到 21 世纪末时段,模式间不确定性趋于增大。同未来时段,RCP8.5 情景下模式间不确定性较 RCP4.5 情景下更大。在 RCP4.5 情景下,"一带一路"主要合作区高温夜数模式间标准差在未来 20 a、21世纪中叶和 21 世纪末分别为 2.64 d、4.23 d 和 6.87 d;在 RCP8.5 情景下,分别为2.65 d、5.72 d 和 15.03 d(图 3.19)。

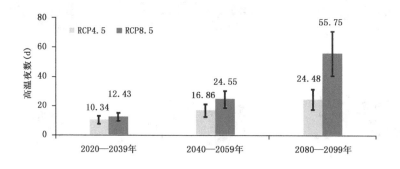

图 3.19　中等(RCP4.5)与高(RCP8.5)排放情景下,降尺度到 0.25°的 18 个耦合模式
集合预估的"一带一路"主要合作区高温夜数空间平均值未来 20 a(2020—2039 年)、
21 世纪中叶(2040—2059 年)和 21 世纪末(2080—2099 年)的变化 (单位:d)
未来变化为相对于历史基准期(1986—2005 年)差异,全部数值均通过 99%信度水平,
误差条范围为正负模式间标准差

图 3.20 是 RCP4.5 和 RCP8.5 情景下,相对于历史时段(1986—2005 年),各个耦合模式预估的未来 20 a(2020—2039 年)、21 世纪中叶(2040—2059 年)和 21世纪末(2080—2099 年)"一带一路"主要合作区高温夜数空间平均值的变化。各个模式预估的"一带一路"主要合作区高温夜数空间平均值在两种情景下的三个未来时段均表现为一致的明显增加。同排放情景下,增加幅度随时段不断向前推

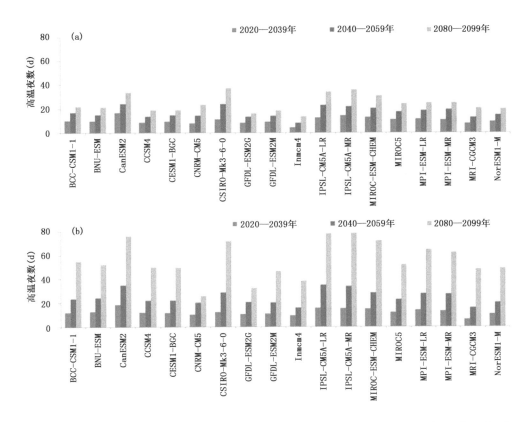

图 3.20　(a)RCP4.5 和(b)RCP8.5 情景下,相对于历史时段(1986—2005 年),降尺度到 0.25°
的 18 个耦合模式预估的"一带一路"主要合作区空间平均的高温夜数未来 20 a
(2020—2039 年)、21 世纪中叶(2040—2059 年)和 21 世纪末(2080—2099 年)的变化(单位:d)

进而变大;同未来时段,RCP8.5 情景下的增加幅度比 RCP4.5 更大。两种情景下
的未来三个时段,普遍比多耦合模式集合结果明显偏高的模式包括 CanESM2、
CSIRO-Mk3-6-0、IPSL-CM5A-LR、IPSL-CM5A-MR 与 MIROC-ESM-CHEM,而
普遍明显偏低的模式有 CNRM-CM5、GFDL-ESM2G、GFDL-ESM2M 与 In-
mcm4;其余模式结果与多模式集合结果相对比较接近。

### 3.2.3　低温日数

从图 3.21 和图 3.22 可以看出,在 RCP4.5 和 RCP8.5 情景下,"一带一路"主
要合作区低温日数未来三个时段(未来 20 a、21 世纪中叶与 21 世纪末)变化的空
间分布格局主要表现为在 30°N 以北地区显著减少(99%信度水平),尤其是在青
藏高原、华中、华北与长江中下游地区以及欧洲的许多区域降低最明显。同排放情
景下,30°N 以北地区低温日数降幅从未来 20 a 到 21 世纪中叶推进到 21 世纪末不断

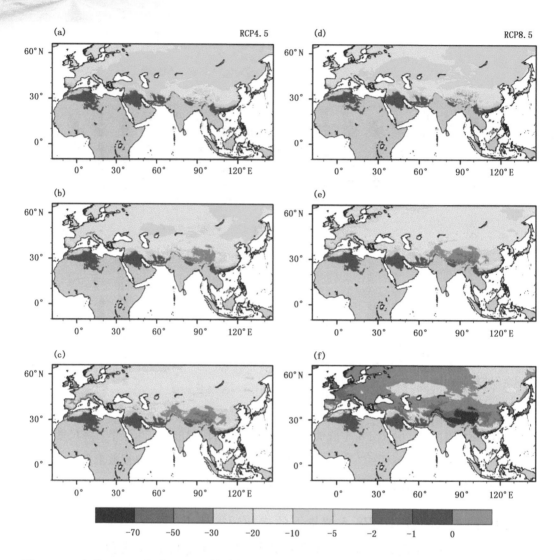

图 3.21　中等(a～c)与高(d～f)排放情景下,相对于历史基准时段(1986—2005 年),降尺度到 0.25°的 18 个耦合模式集合预估的"一带一路"主要合作区低温日数未来变化空间分布(单位:d)(a)、(d) 未来 20 a(2020—2039 年),(b)、(e) 21 世纪中叶(2040—2059 年),(c)、(f) 21 世纪末(2080—2099 年)

增大。同未来时段,30°N 以北地区低温日数的减少在 RCP8.5 情景下比 RCP4.5 情景下更快。在 RCP8.5 情景下的 21 世纪末,"一带一路"主要合作区的 30°N 以北地区低温日数减少幅度普遍在 20 d 以上,尤其是青藏高原东部降幅甚至超过 70 d。

　　图 3.22 显示,在 RCP4.5 与 RCP8.5 两种情景下,未来 20 a(2020—2039 年)、21 世纪中叶(2040—2059 年)和 21 世纪末(2080—2099 年)"一带一路"主要合作区低温日数模式间标准差普遍随低温日数变化幅度增大而增大,其最大值出

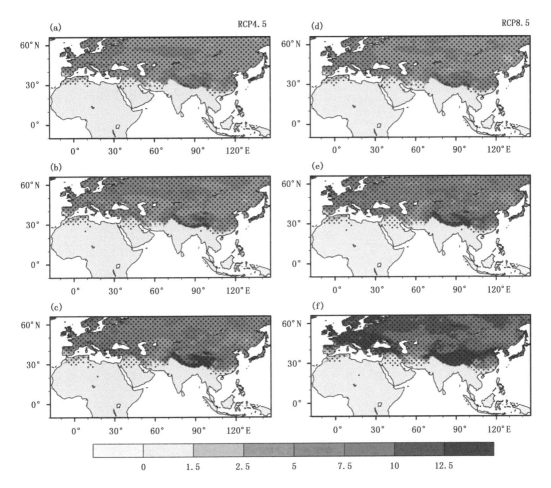

图 3.22 中等(a~c)与高(d~f)排放情景下,"一带一路"主要合作区未来低温日数变化模式
间不确定性及信度水平。(a)、(d) 未来 20 a(2020—2039 年),(b)、(e) 21 世纪中叶
(2040—2059 年),(c)、(f) 21 世纪末(2080—2099 年)

(显著性检验基于 18 个全球耦合模式 0.25°×0.25°高分辨率降尺度结果平均值,

打圆点区域(模式降尺度数据格点密集,圆点不与之对应)表示通过 99％信度水平,

不确定性为 18 个模式降尺度预估结果的 1 个标准差)(单位:d)

现在低温日数降幅大的青藏高原和欧洲地区。同未来时段,RCP8.5 情景下的标
准差表征的低温日数模式间不确定性高于 RCP4.5 情景。同排放情景下,标准差
表征的低温日数模式间不确定性随未来时段推进而增大。

图 3.23~图 3.25 给出了相比于历史阶段(1986—2005 年),18 个耦合模式预估
的未来 20 a(2020—2039 年)、21 世纪中叶(2040—2059 年)与 21 世纪末(2080—
2099 年)"一带一路"主要合作区低温日数在 RCP4.5 情景下变化的空间分布。在

RCP4.5情景下的未来三个时段,各模式预估的低温日数变化的空间结构与多耦合模式集合平均结果普遍较为相似,变化幅度存在差异。在30°N以北地区,低温日数普遍出现降低,且降幅随着未来时段推进而增强。对比而言,18个模式中Inmcm4预估的低温日数明显降低的面积最小、幅度最弱,而MIROC-ESM-CHEM预估的降幅最大。

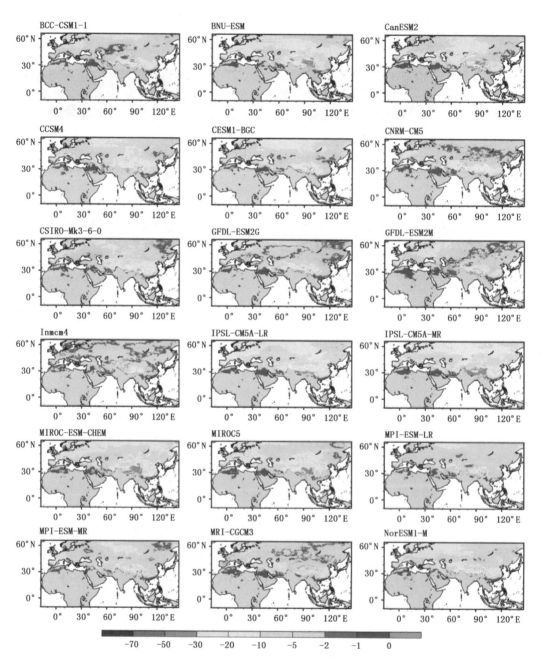

图3.23 RCP4.5情景下,相对于历史时段(1986—2005年),降尺度到0.25°的各个耦合模式预估的未来20 a(2020—2039年)"一带一路"主要合作区低温日数变化空间分布(单位:d)

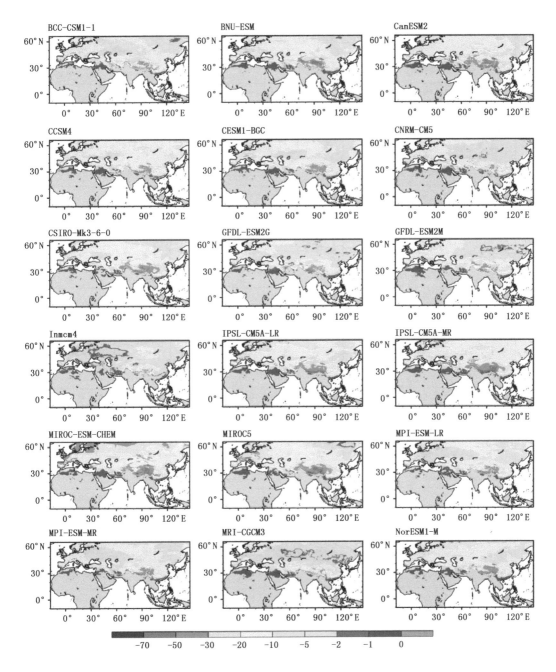

图 3.24 RCP4.5 情景下,相对于历史时段(1986—2005 年),降尺度到 0.25°的各个耦合模式预估的 21 世纪中叶(2040—2059 年)"一带一路"主要合作区低温日数变化空间分布(单位:d)

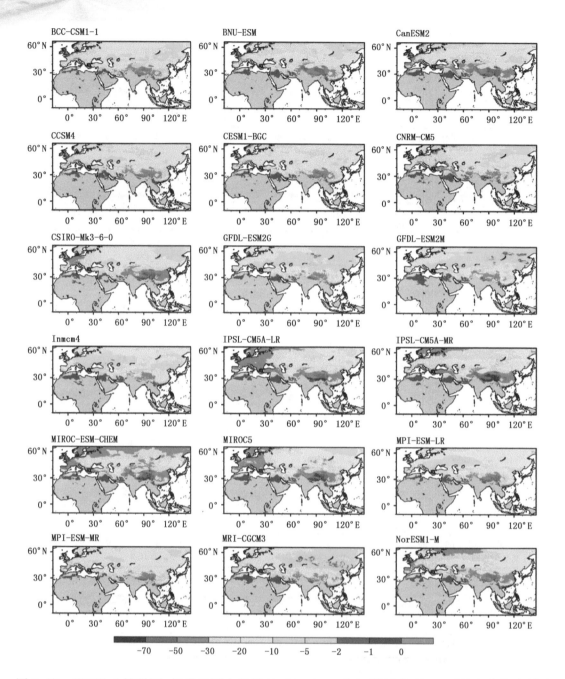

图 3.25  RCP4.5 情景下,相对于历史时段(1986—2005 年),降尺度到 0.25°的各个耦合模式预估的 21 世纪末(2080—2099 年)"一带一路"主要合作区低温日数变化空间分布(单位:d)

图 3.26～图 3.28 给出了在 RCP8.5 情景下,18 个耦合模式预估的未来 20 a、21 世纪中叶与 21 世纪末低温日数变化的空间分布。总体而言,RCP8.5 情景下的三个未来时段各耦合模式预估的低温日数空间结构与 RCP4.5 情景下结果比

较相似,但是同未来时段在 RCP8.5 情景下变化幅度更大,尤其在 21 世纪中叶与 21 世纪末两种情景间差异更明显。各个模式预估的低温日数均在 RCP8.5 情景下的 21 世纪末降幅最明显,在 30°N 以北地区普遍超过了 20 d。

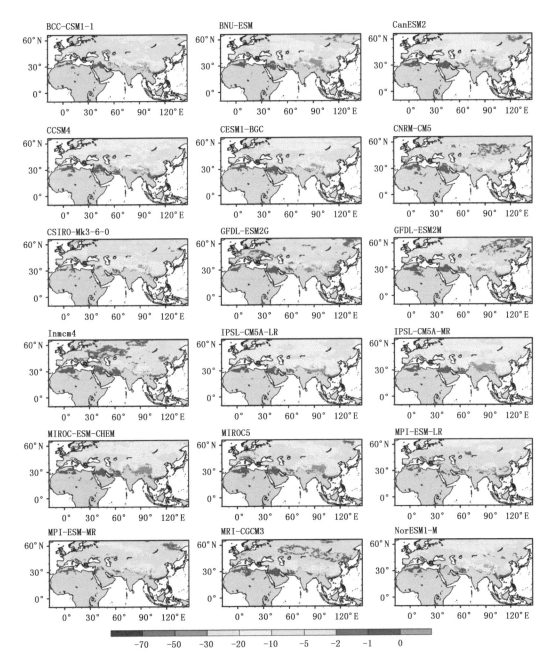

图 3.26　RCP8.5 情景下,相对于历史时段(1986—2005 年),降尺度到 0.25°的各个耦合模式预估的未来 20 a(2020—2039 年)"一带一路"主要合作区低温日数变化空间分布(单位:d)

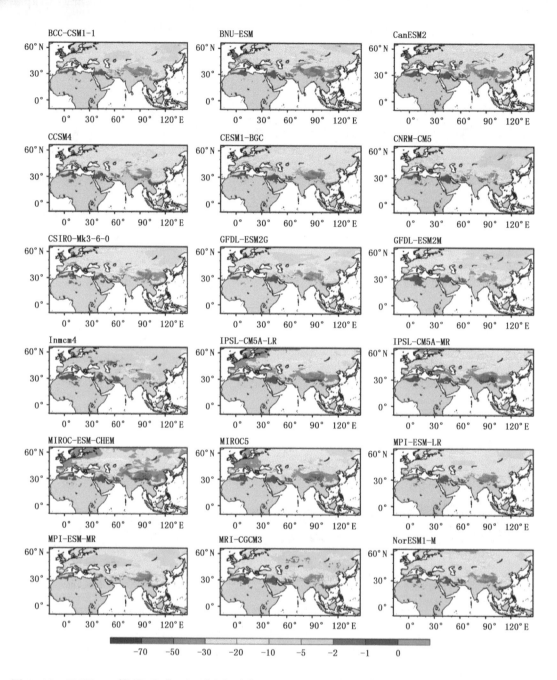

图 3.27　RCP8.5 情景下,相对于历史时段(1986—2005 年),降尺度到 0.25°的各个耦合模式
预估的 21 世纪中叶(2040—2059 年)"一带一路"主要合作区低温日数变化空间分布(单位:d)

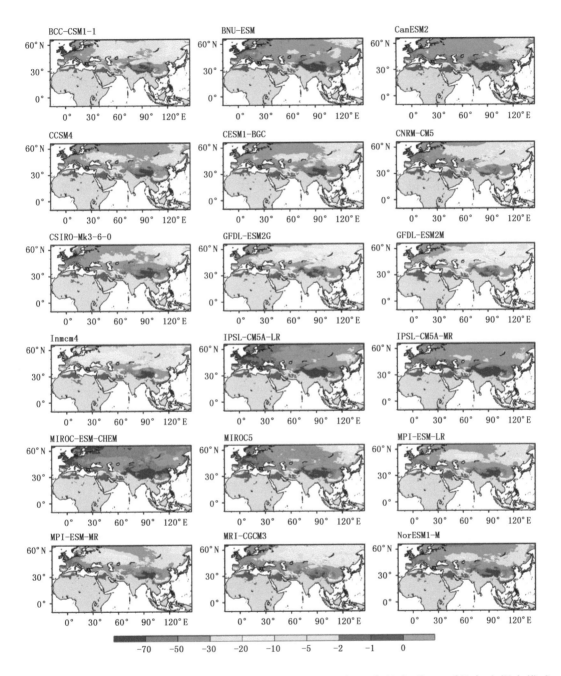

图 3.28 RCP8.5 情景下,相对于历史时段(1986—2005 年),降尺度到 0.25°的各个耦合模式预估的 21 世纪末(2080—2099 年)"一带一路"主要合作区低温日数变化空间分布(单位:d)

图 3.29 给出了在 RCP4.5 和 RCP8.5 情景下,相比于历史时段(1986—2005年),未来 20 a(2020—2039 年)、21 世纪中叶(2040—2059 年)和 21 世纪末(2080—2099 年)"一带一路"主要合作区低温日数空间平均值的变化。两种情景下的未来三个时段,"一带一路"主要合作区低温日数空间平均值均表现为显著减少(99%信度水平)。在 RCP4.5 和 RCP8.5 情景下,未来 20 a"一带一路"主要合作区低温日数减少幅度将分别为 5.32 d 和 6.23 d;至 21 世纪中叶,低温日数降幅将分别是 8.34 d 和 10.82 d;到了 21 世纪末,降幅继续增加至 11.39 d 和 21.94 d。同排放情景下,随着未来时段推移,模式间不确定性也表现为增长。在 RCP4.5 情景下,"一带一路"主要合作区低温日数空间平均值变化在未来 20 a、21 世纪中叶和 21 世纪末模式间标准差分别为 1.72 d、2.34 d 和 3.01 d;在 RCP8.5 情景下,分别为 1.79 d、3.04 d 和 4.85 d(图 3.29)。

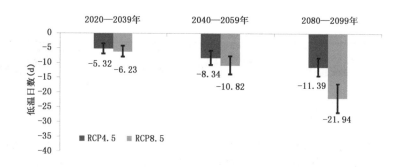

图 3.29 中等(RCP4.5)与高(RCP8.5)排放情景下,降尺度到 0.25°的 18 个耦合模式集合预估的"一带一路"主要合作区域低温日数空间平均值未来 20 a(2020—2039 年)、21 世纪中叶(2040—2059 年)和 21 世纪末(2080—2099 年)的变化 (单位:d)
(未来变化为相对于历史基准期(1986—2005 年)差异,全部数值均通过 99%信度水平,误差条范围为正负模式间标准差)

图 3.30 给出了 RCP4.5 和 RCP8.5 情景下,18 个耦合模式预估的"一带一路"主要合作区空间平均的低温日数未来 20 a、21 世纪中叶和 21 世纪末的变化。从单个模式预估结果来看,"一带一路"主要合作区低温日数空间平均值在两种排放情景下的三个未来时段均表现为明显减少。同排放情景下,各模式预估的低温日数降幅随未来时段推移而不断增强;同未来时段,减少值在 RCP8.5 情景下比在 RCP4.5 情景下更大。在两种排放情景下的三个未来时段,BNU-ESM、CanESM2、IPSL-CM5A-LR、IPSL-CM5A-MR、MIROC-ESM-CHEM 与 MIORC5

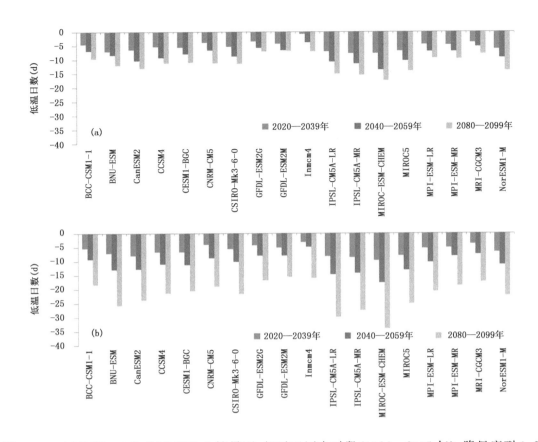

图 3.30 (a)RCP4.5 和(b)RCP8.5 情景下,相对于历史时段(1986—2005 年),降尺度到 0.25°

的 18 个耦合模式预估的"一带一路"主要合作区空间平均的低温日数未来 20 a

(2020—2039 年)、21 世纪中叶(2040—2059 年)和 21 世纪末(2080—2099 年)的变化(单位:d)

预估的低温日数降低普遍比多耦合模式集合平均明显更多;降幅明显偏低的模式
有 GFDL-ESM2G、GFDL-ESM2M、Inmcm4 与 MRI-CGCM3;其余模式结果与多
模式集合结果相对比较接近。同排放情景下,单个耦合模式与多耦合模式集合平
均结果的差异普遍在 21 世纪末最高;同未来时段,RCP8.5 高排放情景下比
RCP4.5 中等排放情景的差异普遍更大。

## 3.2.4 低温夜数

图 3.31 表明,在 RCP4.5 和 RCP8.5 排放情景下,相对于历史时段(1986—
2005 年),"一带一路"主要合作区低温夜数未来 20 a(2020—2039 年)、21 世纪中
叶(2040—2059 年)和 21 世纪末(2080—2099 年)变化的空间分布相似:主要表现
为热带外地区明显减少,尤其是 30°N 以北地区。同未来时段,"一带一路"主要合

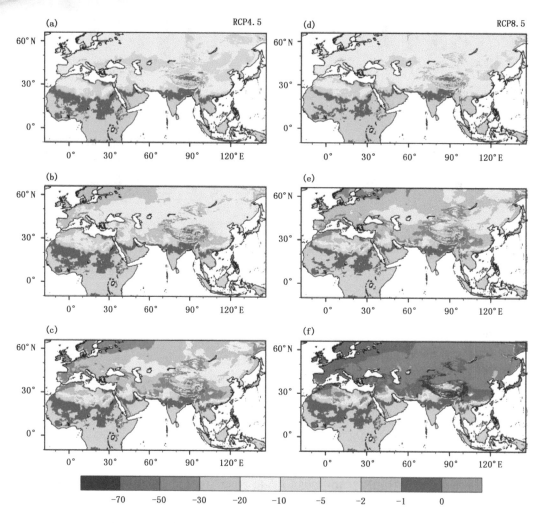

图 3.31　中等(a～c)与高(d～f)排放情景下,相对于历史基准时段(1986—2005 年),降尺
度到 0.25°的 18 个耦合模式集合预估的"一带一路"主要合作区低温夜数未来变化空间
分布(单位:d)。(a)、(d) 未来 20 a(2020—2039 年),(b)、(e) 21 世纪中叶(2040—2059 年);
(c)、(f) 21 世纪末(2080—2099 年)

作区低温夜数的减少幅度在 RCP8.5 情景下均明显高于在 RCP4.5 情景下的减
幅。同排放情景下,低温夜数的减少幅度从未来 20 a 至 21 世纪中叶到 21 世纪末
不断增强。在 RCP8.5 情景下的 21 世纪末,30°N 以北地区低温夜数普遍减少超
过 30 d,欧洲许多地区甚至超过 50 d。

　　图 3.32 给出了两种排放情景下,多耦合模式集合预估的"一带一路"主要合
作区低温夜数在未来 20 a、21 世纪中叶与 21 世纪末变化的信度及模式间不确定
性。在 25°N 以北地区,两种情景下的三个未来时段低温夜数变化普遍通过了

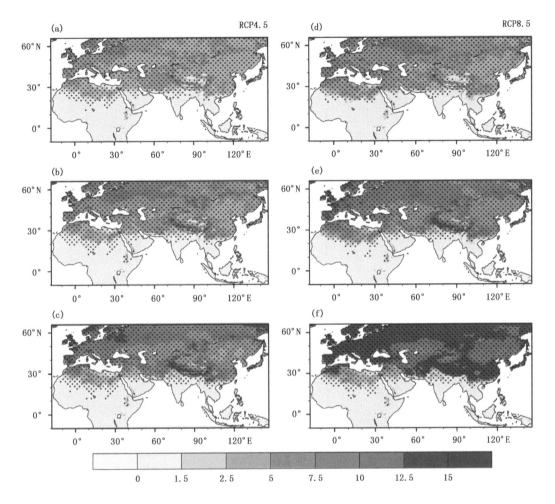

图 3.32　中等(a～c)与高(d～f)排放情景下,"一带一路"主要合作区未来低温夜数变化模式
间不确定性及信度水平,(a)、(d) 未来 20 a(2020—2039 年),(b)、(e)21 世纪中叶
(2040—2059 年),(c)、(f) 21 世纪末(2080—2099 年)

(显著性检验基于 18 个全球耦合模式 0.25°×0.25°高分辨率降尺度结果平均值,
打圆点区域(模式降尺度数据格点密集,圆点不与之对应)表示通过 99%信度水平,
不确定性为 18 个模式降尺度预估结果的 1 个标准差)(单位:d)

99%的信度检验,模式间标准差随低温夜数变化幅度增加而增大。

在 RCP4.5 和 RCP8.5 情景下,相对于历史时段,单个耦合模式预估的未来三个
时段"一带一路"主要合作区低温夜数变化的空间分布特征与多耦合模式平均结果
普遍比较一致,即低温夜数在热带外地区普遍降低,30°N 以北地区降幅尤为明显。
在未来 20 a,单个耦合模式预估的低温夜数变化在 RCP4.5 与 RCP8.5 情景下普遍
比较接近,21 世纪中叶两种情景下的变化差异变大,21 世纪末差异性最强。

图 3.33 表明,在两种排放情景下,多耦合模式集合预估的未来三个时段"一带一路"主要合作区低温夜数的空间平均值均表现为显著减少(超过 99％信度水平)。在 RCP4.5 情景下,"一带一路"主要合作区低温日数空间平均值在未来 20 a、21 世纪中叶与 21 世纪末减少幅度分别为 8.06 d、12.10 d 和 16.16 d;在 RCP8.5 情景下,降幅分别为 8.98 d、15.57 d 和 30.10 d。同未来时段,在 RCP8.5 情景下模式间不确定性较 RCP4.5 情景下更大。同排放情景下,低温夜数降幅模式间不确定性随着未来时段向前推进而增大。在 RCP4.5 情景下,"一带一路"主要合作区低温夜数降幅未来 20 a、21 世纪中叶和 21 世纪末模式间标准差分别为 2.32 d、3.35 d 和 4.32 d;在 RCP8.5 情景下,分别为 3.03 d、4.59 d 和 7.75 d。

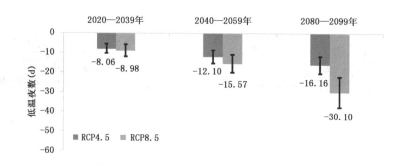

图 3.33　中等(RCP4.5)与高(RCP8.5)排放情景下,降尺度到 0.25°的 18 个耦合模式
集合预估的"一带一路"主要合作区低温夜数空间平均值未来 20 a(2020—2039 年)、
21 世纪中叶(2040—2059 年)和 21 世纪末(2080—2099 年)的变化（单位:d）
(未来变化为相对于历史基准期(1986—2005 年)差异,全部数值均通过 99％信度水平,
误差条范围为正负模式间标准差)

从图 3.34 可以看出,两种排放情景下,各耦合模式预估的"一带一路"主要合作区空间平均的低温夜数在未来 20 a、21 世纪中叶和 21 世纪末均表现为一致的降低,且降幅随着时段向未来推进和排放浓度增大而增大。两种情景下的未来三个时段,比多模式平均预估结果明显偏高模式有 BNU-ESM、CanESM2、IPSL-CM5A-LR、IPSL-CM5A-MR 与 MIROC-ESM-CHEM,而 GFDL-ESM2G、GFDL-ESM2M 与 Inmcm4 模式则明显偏低。

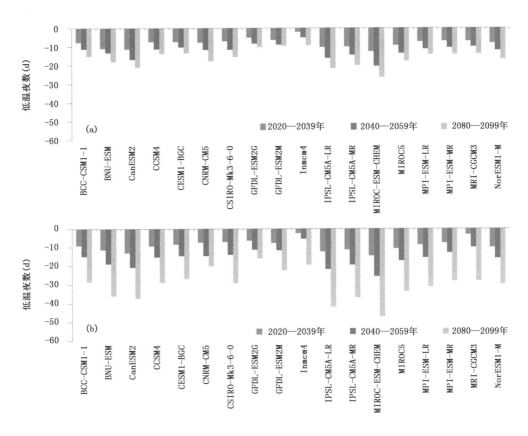

图 3.34 (a)RCP4.5 和(b)RCP8.5 情景下,相对于历史时段(1986—2005 年),降尺度到

0.25°的 18 个耦合模式预估的"一带一路"主要合作区空间平均的低温夜数未来 20 a

(2020—2039 年)、21 世纪中叶(2040—2059 年)和 21 世纪末(2080—2099 年)的变化(单位:d)

## 3.3 温度表征极端事件强度变化预估

### 3.3.1 最热 30 d 日最高温度平均

图 3.35 给出了相对于历史阶段(1986—2005 年),RCP4.5 和 RCP8.5 排放情景下,多耦合模式预估的"一带一路"主要合作区最热 30 d 日最高温度平均未来 20 a(2020—2039 年)、21 世纪中叶(2040—2059 年)和 21 世纪末(2080—2099 年)变化的空间分布。图 3.36 则给出了未来变化的信度水平与模式间不确定性。结果表明,在 RCP4.5 和 RCP8.5 两种情景下,"一带一路"主要合作区最热 30 d 日最高温度平均的空间变化未来 20 a、21 世纪中叶和 21 世纪末均表现为一致的显

著增温(99％信度水平)。在两种情景下的三个未来时段,"一带一路"主要合作区最强的最热 30 d 日最高温度平均升温主要出现在欧洲中南部至环黑海区域到里海一带。同排放情景下,从未来 20 a 至 21 世纪中叶到 21 世纪末,"一带一路"主要合作区最热 30 d 日最高温度平均上升幅度不断增强。同未来时段,"一带一路"主要合作区最热 30 d 日最高温度平均的升温幅度在 RCP8.5 情景下明显高于 RCP4.5 情景下的升幅。在 RCP8.5 情景下的 21 世纪末,整个"一带一路"主要合作区最热 30 d 日最高温度平均的升温幅度普遍在 4℃以上,欧洲中南部地区升幅甚至可超过 8℃。

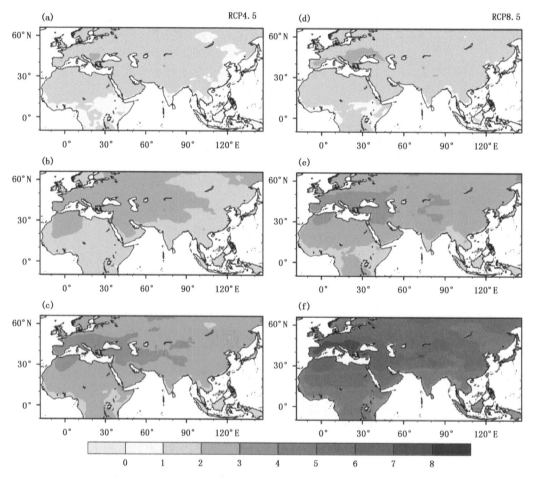

图 3.35　中等(a～c)与高(d～f)排放情景下,相对于历史基准时段(1986—2005 年),降尺度到 0.25°的 18 个耦合模式集合预估的"一带一路"主要合作区最热 30 d 日最高温度平均未来变化空间分布(单位:d)

(a)、(d) 未来 20 a(2020—2039 年),(b)、(e) 21 世纪中叶(2040—2059 年),

(c)、(f) 21 世纪末(2080—2099 年)

图 3.36 表明,在 RCP4.5 与 RCP8.5 两种情景下,"一带一路"主要合作区最热 30 d 日最高温度平均模式间标准差未来 20 a、21 世纪中叶和 21 世纪末大致呈现从低纬度向高纬度不断增大。同未来时段,RCP8.5 情景下的模式间不确定性比 RCP4.5 情景下普遍更高;同排放情景下,模式间不确定性随未来时段推进而增大。

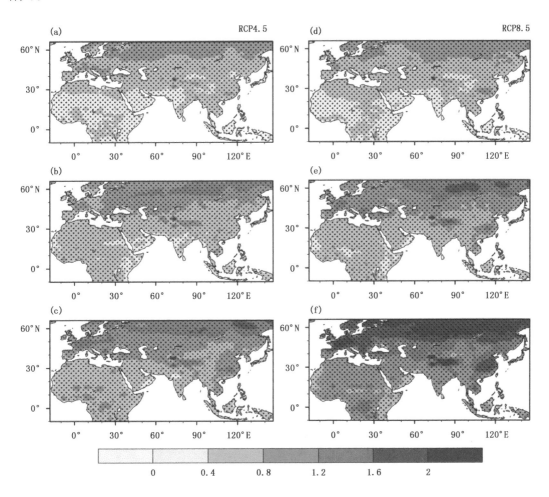

图 3.36 中等(a~c)与高(d~f)排放情景下,"一带一路"主要合作区最热 30 d 日最高温度
平均未来变化的模式间不确定性及信度水平

(a)、(d) 未来 20 a(2020—2039 年),(b)、(e) 21 世纪中叶(2040—2059 年),

(c)、(f) 21 世纪末(2080—2099 年)

(显著性检验基于 18 个全球耦合模式 0.25°×0.25°高分辨率降尺度结果平均值,

打圆点区域(模式降尺度数据格点密集,圆点不与之对应)表示通过 99%信度水平,

不确定性为 18 个模式降尺度预估结果的 1 个标准差)(单位:℃)

图 3.37～图 3.39 给出了 RCP4.5 情景下，各耦合模式预估的"一带一路"主要合作区最热 30 d 日最高温度平均未来 20 a(2020—2039 年)、21 世纪中叶(2040—2059 年)与 21 世纪末(2080—2099 年)变化的空间格局。在 RCP4.5 情景下的未

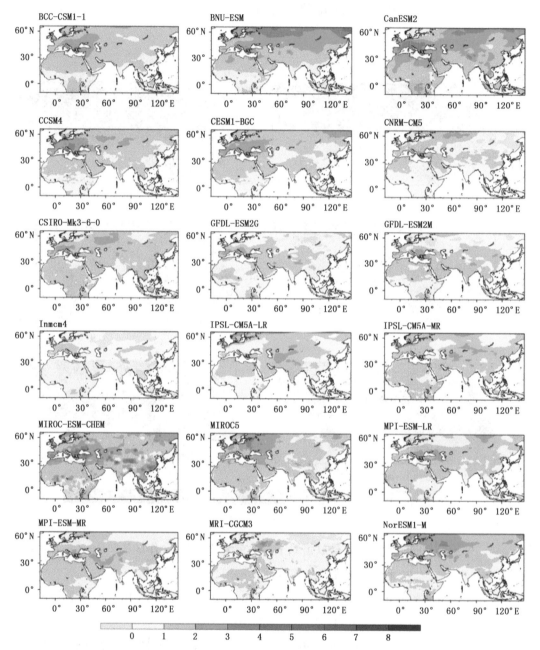

图 3.37　RCP4.5 情景下，相对于历史时段(1986—2005 年)，降尺度到 0.25°的各个耦合模式
预估的未来 20 a(2020—2039 年)"一带一路"主要合作区最热 30 d 日最高温度
平均变化空间分布(单位:℃)

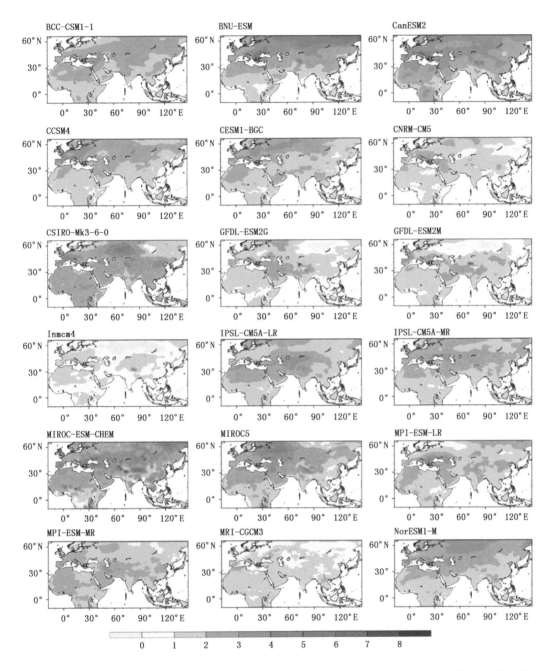

图 3.38 RCP4.5 情景下,相对于历史时段(1986—2005 年),降尺度到 0.25°的各个耦合模式
预估的 21 世纪中叶(2040—2059 年)"一带一路"主要合作区最热 30 d 日最高温度
平均变化空间分布(单位:℃)

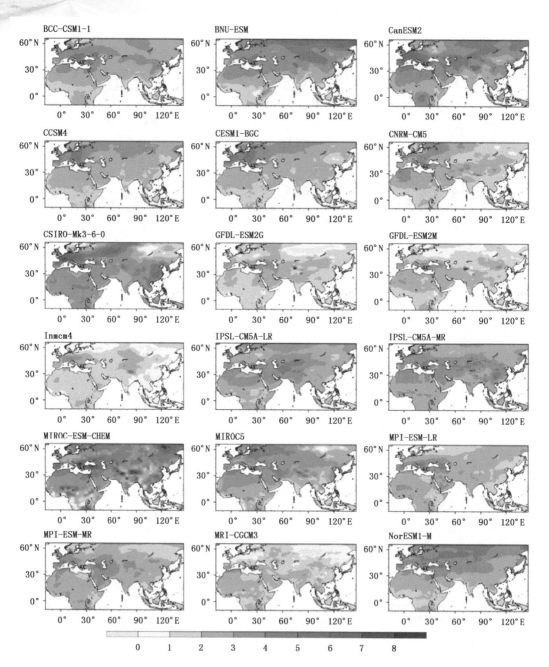

图3.39　RCP4.5情景下,相对于历史时段(1986—2005年),降尺度到0.25°的各个耦合模式
预估的21世纪末(2080—2099年)"一带一路"主要合作区最热30 d日最高温度
平均变化空间分布(单位:℃)

来三个时段,单个模式预估的"一带一路"主要合作区最热30 d日最高温度平均普遍
呈现出升温,且升温幅度随着未来时段向前推进而增大,这与多模式平均结果一致。
但是,18个模式预估的最热30 d日最高温度平均以升温为主的空间结构存在差异。

例如,与多模式平均结果不同,BNU-ESM 等模式预估的升温最大值区域出现在 55°N 以北区域,这造成了模式间不确定性在较高纬度相对较大(图 3.36)。

图 3.40~图 3.42 给出了在 RCP8.5 情景下,各个耦合模式预估的未来三个时段"一带一路"主要合作区最热 30 d 日最高温度平均变化的空间分布。在 RCP8.5 情

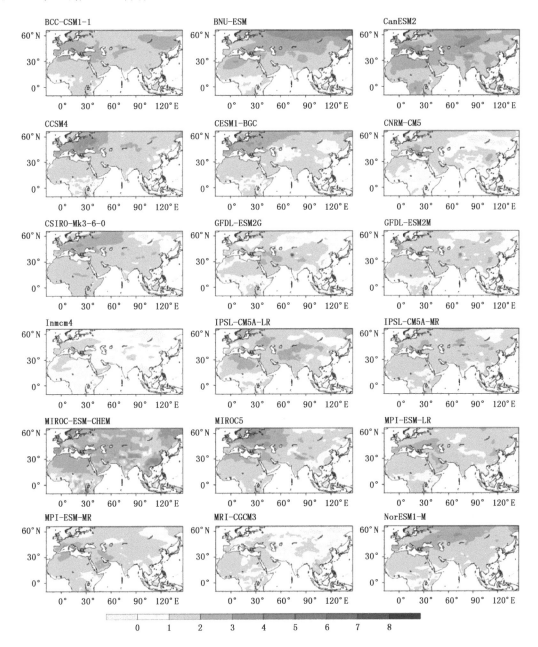

图 3.40 RCP8.5 情景下,相对于历史时段(1986—2005 年),降尺度到 0.25°的各个耦合模式预估的未来 20 a(2020—2039 年)"一带一路"主要合作区最热 30 d 日最高温度平均变化空间分布(单位:℃)

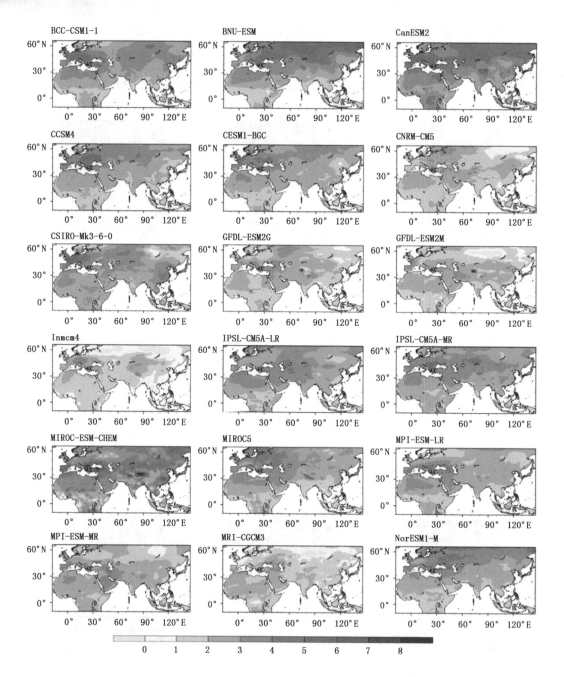

图 3.41　RCP8.5 情景下,相对于历史时段(1986—2005 年),降尺度到 0.25°的各个耦合模式
预估的 21 世纪中叶(2040—2059 年)"一带一路"主要合作区最热 30 d 日最高温度
平均变化空间分布(单位:℃)

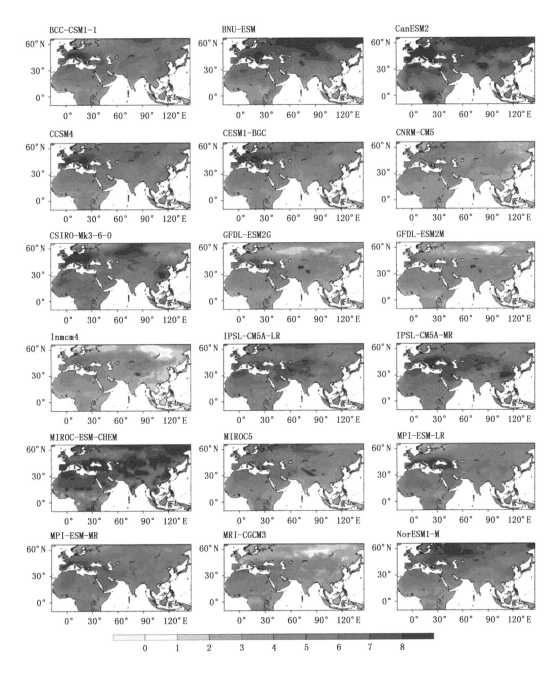

图 3.42 RCP8.5 情景下,相对于历史时段(1986—2005 年),降尺度到 0.25°的各个耦合模式
预估的 21 世纪末(2080—2099 年)"一带一路"主要合作区最热 30 d 日最高
温度平均变化空间分布(单位:℃)

景下,各个模式预估的"一带一路"主要合作区最热 30 d 日最高温度平均在未来 20 a、21 世纪中叶与 21 世纪末变化的空间结构大体上与 RCP4.5 情景下结果相似,且升温幅度随着时间的推移而增大。在未来 20 a,各个模式预估的 RCP8.5 情景下最热 30 d 日最高温度平均的升高幅度比 RCP4.5 的升幅普遍更大一些;21 世纪中叶,两种情景下的升温幅度差异进一步加大;至 21 世纪末,RCP8.5 情景下升温幅度远高于 RCP4.5 情景下的升幅。

图 3.43 显示,在 RCP4.5 和 RCP8.5 情景下,多耦合模式预估的"一带一路"主要合作区最热 30 d 日最高温度平均的空间平均值未来 20 a(2020—2039 年)、21 世纪中叶(2040—2059 年)和 21 世纪末(2080—2099 年)均表现为显著上升(99％信度水平)。在中等与高排放情景下,未来 20 a"一带一路"主要合作区最热 30 d 日最高温度平均升高分别为 1.24℃和 1.41℃;到 21 世纪中叶,升温分别为 1.89℃和 2.51℃;推进至 21 世纪末,分别升温 2.56℃和 5.19℃。这些变化数值均通过了 99％信度检验。在 RCP4.5 情景下,"一带一路"主要合作区最热 30 d 最高温度平均的空间平均值未来 20 a、21 世纪中叶和 21 世纪末模式间标准差分别为 0.37℃、0.51℃和 0.64℃;在 RCP8.5 情景下,分别为 0.39℃、0.63℃和 1.07℃。相对于两种情景下的三个未来时段升温幅度,模式间不确定性较低。

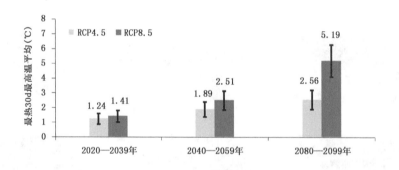

图 3.43　中等(RCP4.5)与高(RCP8.5)排放情景下,降尺度到 0.25°的 18 个耦合模式集合预估的"一带一路"主要合作区最热 30 d 日最高温度平均的空间平均值未来 20 a(2020—2039 年)、21 世纪中叶(2040—2059 年)和 21 世纪末(2080—2099 年)的变化(单位:℃)(未来变化为相对于历史基准期(1986—2005 年)差异,全部数值均通过 99％信度水平,误差条范围为正负模式间标准差)

图 3.44 给出了 RCP4.5 和 RCP8.5 情景下,18 个耦合模式预估的"一带一路"主要合作区空间平均的最热 30 d 日最高温度平均未来 20 a、21 世纪中叶和 21 世纪末变化。各个模式预估的"一带一路"主要合作区最热 30 d 日最高温度平均

的空间平均值在两种情景下的未来三个时段均表现为一致的升温,升温幅度随着排放浓度升高与未来时段向前推进而增大。比较而言,18 个模式中明显比多模式平均值偏高的有 BNU-ESM、CanESM2、IPSL-CM5A-LR、IPSL-CM5A-MR 与 MIROC-ESM-CHEM;而明显偏低模式包括 CNRM-CM5,GFDL-ESM2G、GFDL-ESM2M、Inmcm4 与 MRI-CGCM3。

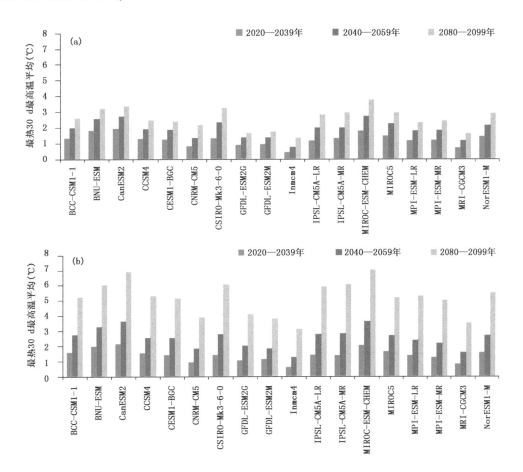

图 3.44 (a)RCP4.5 和(b)RCP8.5 情景下,相比于历史时段(1986—2005 年),降尺度到 0.25°的 18 个耦合模式预估的"一带一路"主要合作区域空间平均的最热 30 d 日 最高温度平均未来 20 a(2020—2039 年)、21 世纪中叶(2040—2059 年)和 21 世纪末(2080—2099 年)的变化(单位:℃)

## 3.3.2 最冷 30 d 日最高温度平均

图 3.45 和图 3.46 显示,在 RCP4.5 与 RCP8.5 情景下,多耦合模式预估的 "一带一路"主要合作区最冷 30 d 日最高温度平均未来 20 a(2020—2039 年)、21

世纪中叶(2040—2059年)和21世纪末(2080—2099年)变化在空间上表现为一致的显著升高(99%信度水平),升幅大体上从热带到中高纬度不断加强,升温最高值呈现在50°N以北的广大地区。同时注意到,青藏高原及附近地区比同纬度其他地区升幅更大。同排放情景下,"一带一路"主要合作区最冷30 d日最高温度平均升温幅度随着未来时段向前推进而增强;同未来时段,升温幅度在高排放情景下更大。在RCP8.5情景下的21世纪末,最冷30 d日最高温度升高幅度在热带地区普遍超过3℃,在50°N以北的广大地区超过7℃,其他地区介于两者之间。

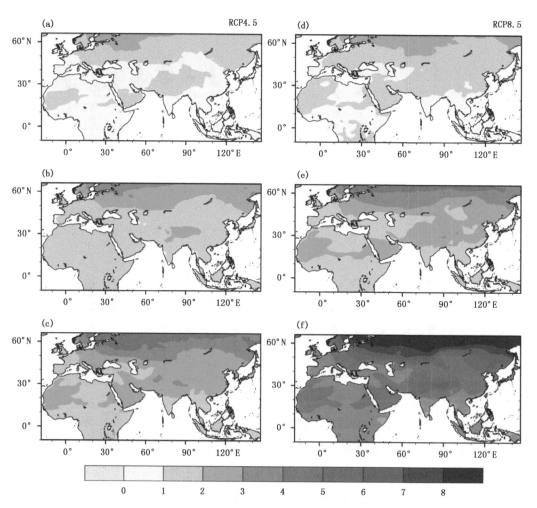

图3.45 中等(a~c)与高(d~f)排放情景下,相对于历史基准时段(1986—2005年),降尺度到0.25°的18个耦合模式集合预估的"一带一路"主要合作区最冷30 d日最高温度平均未来变化空间分布(单位:d)

(a)、(d)未来20 a(2020—2039年),(b)、(e)21世纪中叶(2040—2059年),

(c)、(f)21世纪末(2080—2099年)

在 RCP4.5 与 RCP8.5 两种情景下,未来 20 a、21 世纪中叶和 21 世纪末"一带一路"主要合作区最冷 30 d 日最高温度平均模式间标准差空间分布均大致表现为从热带向中高纬度地区不断增大,最高的模式间标准差主要发生在 50°N 以北地区(图 3.46)。与最冷 30 d 日最高温度平均本身变化比较,模式间不确定性普遍较低。

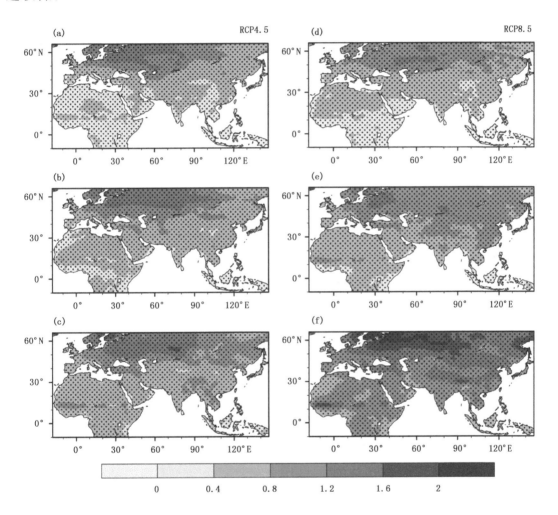

图 3.46　中等(a~c)与高(d~f)排放情景下,"一带一路"主要合作区未来最冷 30 d 日
最高温度平均变化模式间不确定性及信度水平

(a)、(d) 未来 20 a(2020—2039 年),(b)、(e) 21 世纪中叶(2040—2059 年),

(c)、(f) 21 世纪末(2080—2099 年)

(显著性检验基于 18 个全球耦合模式 0.25°×0.25°高分辨率降尺度结果平均值,

打圆点区域(模式降尺度数据格点密集,圆点不与之对应)表示通过 99%信度水平,

不确定性为 18 个模式降尺度预估结果的 1 个标准差)(单位:℃)

图 3.47～图 3.49 给出了 RCP4.5 情景下,18 个耦合模式预估的未来 20 a
(2020—2039 年)、21 世纪中叶(2040—2059 年)与 21 世纪末(2080—2099 年)"一
带一路"主要合作区最冷 30 d 日最高温度平均变化的空间分布格局。在 RCP4.5
情景下的未来三个时段,各模式预估结果均表现为以升温为主,升温幅度随着未
来时段向前推进而增大。其中,CESM1-BGC、Inmcm4 等模式升温比其他模式更
弱,而 BNU-ESM、MIROC-ESM-CHEM 等模式升温比其他模式强。

从图 3.50～图 3.52 可以看出,在 RCP8.5 情景下,18 个耦合模式预估的"一
带一路"主要合作区最冷 30 d 日最高温度平均在未来 20 a、21 世纪中叶与 21 世纪
末变化的空间结构总体上表现为一致性升高。未来三个时段,RCP8.5 情景下最
冷 30 d 日最高温度平均升温幅度比 RCP4.5 情景下大。在未来 20 a,升温幅度在
RCP8.5 情景下比 RCP4.5 情景下高得不多,但从 21 世纪中叶至 21 世纪末,高排
放情景下升温与中等排放情景下差异明显加大。

图 3.53 显示,多耦合模式预估的"一带一路"主要合作区最冷 30 d 日最高温
度平均的空间平均值在 RCP4.5 和 RCP8.5 情景下的未来 20 a(2020—2039 年)、
21 世纪中叶(2040—2059 年)和 21 世纪末(2080—2099 年)均表现为显著升温
(99％信度水平)。在 RCP4.5 和 RCP8.5 情景下,未来 20 a"一带一路"主要合作
区最冷 30 d 日最高温度平均空间平均值分别上升 1.13℃和 1.32℃;21 世纪中叶
分别升高 1.75℃和 2.35℃;到 21 世纪末,分别升高 2.57℃和 5.15℃。这些变化
均通过了 99％信度检验。在 RCP4.5 情景下,未来三个时段模式间标准差分别为
0.37℃、0.51℃和 0.64℃;在 RCP8.5 情景下,分别为 0.39℃、0.63℃和 1.07℃。

图 3.54 给出了 RCP4.5 和 RCP8.5 情景下,18 个耦合模式预估的"一带一
路"主要合作区空间平均的最冷 30 d 日最高温度平均未来 20 a、21 世纪中叶和 21
世纪末的变化。全部模式预估的"一带一路"主要合作区平均的最冷 30 d 日最高
温度平均的变化在两种情景下的未来三个时段均表现为一致的升温。同未来时
段,RCP8.5 情景下各模式预估的升温比 RCP4.5 更强;同排放情景下,未来 20 a
各模式预估的升温幅度最小,21 世纪中叶次之,21 世纪末最大。相对于多耦合模
式平均,两种情景下的未来三个时段,BNU-ESM、CanESM2、IPSL-CM5A-LR、IP-
SL-CM5A-MR 和 MIROC-ESM-CHEM 等模式预估结果普遍偏高,而 BCC-
CSM1-1、CESM1-BGC、Inmcm4 等模式预估结果普遍偏低。

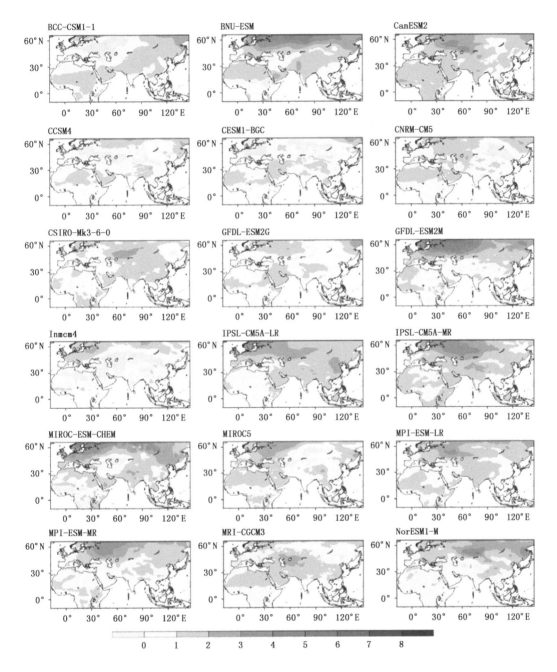

图 3.47 RCP4.5 情景下,相对于历史时段(1986—2005 年),降尺度到 0.25°的各个耦合模式 预估的未来 20 a(2020—2039 年)"一带一路"主要合作区最冷 30 d 日最高 温度平均变化空间分布(单位:℃)

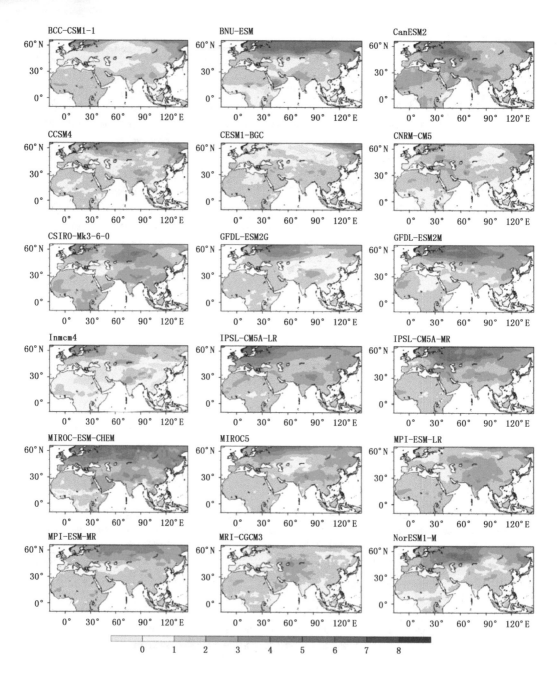

图 3.48　RCP4.5 情景下,相对于历史时段(1986—2005 年),降尺度到 0.25°的各个耦合模式
预估的 21 世纪中叶(2040—2059 年)"一带一路"主要合作区最冷 30 d 日最高
温度平均变化空间分布(单位:℃)

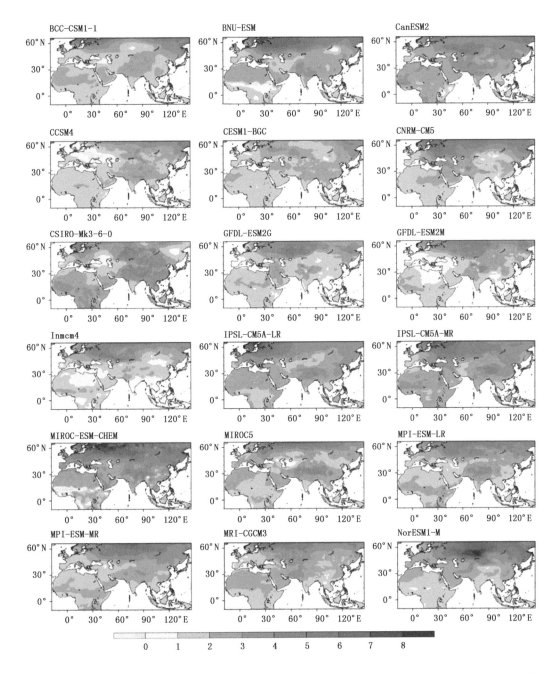

图 3.49 RCP4.5 情景下,相对于历史时段(1986—2005 年),降尺度到 0.25°的各个耦合模式 预估的 21 世纪末(2080—2099 年)"一带一路"主要合作区最冷 30 d 日最高 温度平均变化空间分布(单位:℃)

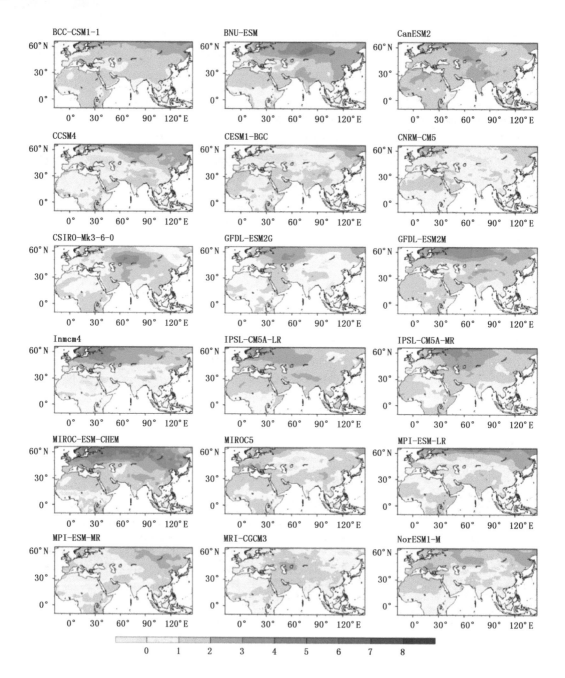

图 3.50　RCP8.5 情景下,相对于历史时段(1986—2005 年),降尺度到 0.25°的各个耦合模式
预估的未来 20 a(2020—2039 年)"一带一路"主要合作区最冷 30 d 日最高
温度平均变化空间分布(单位:℃)

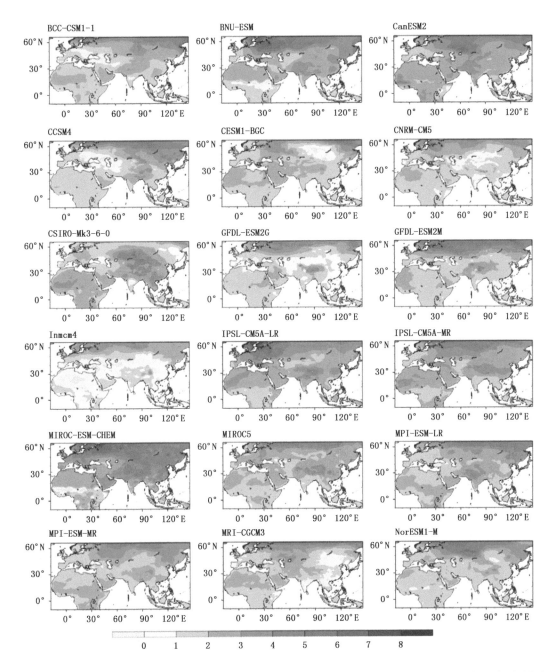

图 3.51 RCP8.5 情景下,相对于历史时段(1986—2005 年),降尺度到 0.25°的各个耦合模式
预估的 21 世纪中叶(2040—2059 年)"一带一路"主要合作区最冷 30 d 日最高
温度平均变化空间分布(单位:℃)

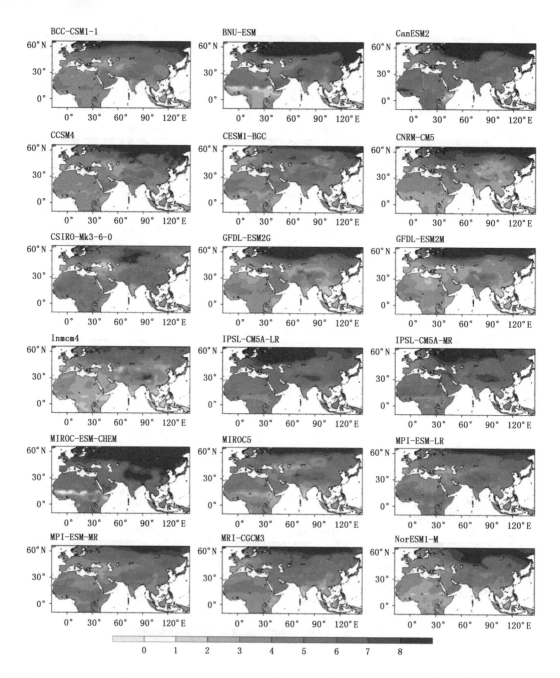

图 3.52　RCP8.5 情景下,相对于历史时段(1986—2005 年),降尺度到 0.25°的各个耦合模式
预估的 21 世纪末(2080—2099 年)"一带一路"主要合作区最冷 30 d 日最高
温度平均变化空间分布(单位:℃)

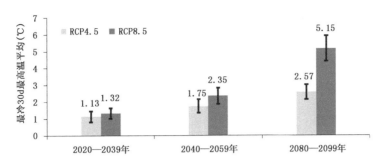

图 3.53 中等(RCP4.5)与高(RCP8.5)排放情景下,降尺度到 0.25°的 18 个耦合模式集合预估的"一带一路"主要合作区最冷 30 d 日最高温度平均空间平均值未来 20 a(2020—2039 年)、21 世纪中叶(2040—2059 年)和 21 世纪末(2080—2099 年)的变化(单位:d)(未来变化为相对于历史基准期(1986—2005 年)差异,全部数值均通过 99%信度水平,误差条范围为正负模式间标准差)

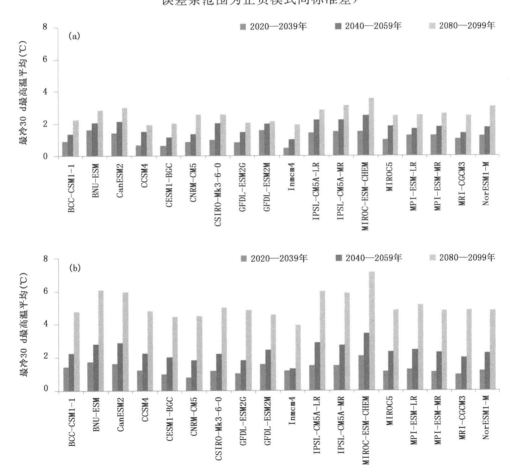

图 3.54 (a)RCP4.5 和(b)RCP8.5 情景下,相对于历史时段(1986—2005 年),降尺度到 0.25°的 18 个耦合模式预估的"一带一路"主要合作区空间平均的最冷 30 d 日最高温度平均未来 20 a(2020—2039 年)、21 世纪中叶(2040—2059 年)和 21 世纪末(2080—2099 年)的变化(单位:℃)

# 3.4 小 结

相对于历史时段(1986—2005年),多耦合模式预估"一带一路"主要合作区未来20 a(2020—2039年)、21世纪中叶(2040—2059年)和21世纪末(2080—2099年)在RCP4.5和RCP8.5两种排放情景下高温日数在除青藏高原、蒙古国中西部及其他少部分地区以外区域均表现为显著增多(99%信度水平)。高温日数增多关键区主要位于非洲北部、欧洲中南部、西亚、中亚、南亚、东南亚以及东亚许多地区。同未来时段,RCP8.5情景下高温日数比RCP4.5情景下增加更多;同排放情景下,从未来20 a推进至21世纪末,高温日数增加幅度不断增大。在RCP4.5情景下,"一带一路"主要合作区空间平均高温日数在未来20 a、21世纪中叶与21世纪末分别增加14.70 d、22.92 d和32.05 d;在RCP8.5情景下,未来三个时段空间平均高温日数增加幅度分别为16.87 d、31.00 d和61.86 d。

相对于历史时段,在RCP4.5或RCP8.5情景下,多耦合模式预估"一带一路"主要合作区高温夜数从未来20 a到21世纪中叶至21世纪末不断增多。高温夜数增加关键区主要出现在赤道以北非洲、西亚大部分地区、中亚不少地区、南亚、东南亚许多地区以及中国东部地区。在RCP4.5情景下,"一带一路"主要合作区高温夜数空间平均增多在未来20 a、21世纪中叶与21世纪末分别为10.34 d、16.86 d和24.48 d(99%信度水平);在RCP8.5情景下,未来三个时段高温夜数增多分别为12.43 d、24.55 d和55.75 d(99%信度水平)。比较而言,RCP8.5情景下比RCP4.5情景下"一带一路"主要合作区空间平均高温夜数发生频率将更多更显著,但也具有更大的模式间不确定性。

相对于历史时段,多耦合模式预估的"一带一路"主要合作区的30°N以北地区低温日数在两种排放情景下的三个未来时段均表现为显著降低(99%信度水平)。最明显降低区域位于青藏高原、华中、华北与长江中下游地区和欧洲的许多地区。同排放情景下,30°N以北地区低温日数从未来20 a、21世纪中叶到21世纪末不断降低。同未来时段,30°N以北地区在RCP8.5情景下降低比在RCP4.5情景下更多。在RCP4.5和RCP8.5情景下,"一带一路"主要合作区低温日数空间平均值在未来20 a将分别减少5.32 d和6.23 d,至21世纪中叶分别下降8.34 d和10.82 d,到21世纪末分别降低11.39 d和21.94 d(99%信度水平)。

相对于历史时段,在RCP4.5和RCP8.5两种情景下,多耦合模式预估未来

20 a、21 世纪中叶和 21 世纪末"一带一路"主要合作区低温夜数整体上在热带外地区普遍表现为减少,30°N 以北地区降低尤其明显。在 RCP4.5 情景下,"一带一路"主要合作区低温夜数空间平均值在未来 20 a、21 世纪中叶与 21 世纪末分别显著降低 8.06 d、12.10 d 与 16.16 d;在 RCP8.5 情景下,三个未来时段降幅为 8.98 d、15.57 d 与 30.10 d(99%信度水平)。

相比于历史时段,多耦合模式预估"一带一路"主要合作区未来 20 a、21 世纪中叶和 21 世纪末最热 30 d 日最高温度平均在 RCP4.5 和 RCP8.5 两种情景下均表现为一致的显著上升(99%信度水平),最大的最热 30 d 日最高温度平均升温区出现在欧洲中南部至环黑海区域到里海附近一带。同未来时段,"一带一路"最热 30 d 日最高温度平均升幅在 RCP8.5 情景下较 RCP4.5 情景下更高;同排放情景下,升幅随着未来时段推进而不断增大。RCP8.5 情景下的 21 世纪末,"一带一路"主要合作区最热 30 d 日最高温度平均的升温幅度普遍超过 4℃,欧洲中南部地区升幅最强,在 8℃左右或更高。在 RCP4.5 情景下,预计"一带一路"主要合作区最热 30 d 日最高温度平均的空间平均升温值在未来 20 a、21 世纪中叶和 21 世纪末分别为 1.24℃、1.89℃和 2.56℃;在 RCP8.5 情景下,空间平均升温值分别为 1.41℃、2.51℃和 5.19℃。这些数值变化均通过了 99%信度水平。

相对于历史时段,多耦合模式预估"一带一路"主要合作区最冷 30 d 日最高温度平均表现为一致的显著升高(99%信度水平),升温最大区主要位于 50°N 以北的广大地区。在 RCP8.5 情景下的 21 世纪末,最冷 30 d 日最高温度平均升高幅度在 50°N 以北的广大地区普遍超过 7℃。RCP4.5 和 RCP8.5 排放情景下,预计"一带一路"主要合作区最冷 30 d 日最高温度平均的空间平均值未来 20 a 分别上升 1.13℃和 1.32℃;至 21 世纪中叶分别升高 1.75℃和 2.35℃;到 21 世纪末分别升高 2.57℃和 5.15℃。这些数值均通过 99%信度检验,且模式间不确定性相对较低。

总体而言,预计"一带一路"温度表征极端天气气候在两种排放情景下的三个未来时段均将发生明显变化,极端高温事件频率增多、强度增强,而极端低温事件降低。同时,极端温度变化在高排放情景下更强,并随着未来时段推进而加强。极端温度变化普遍显著性高,模式间不确定性较低。

# 第4章

# "一带一路"主要合作区域降水表征极端天气气候未来预估

# 4.1 引 言

暴雨能够引起洪涝以及滑坡、泥石流等次生灾害,而暴雪常伴随大风与寒冷天气,因而造成多重复合损害。暴雨、干旱等与降水相关极端事件损害人类健康与福祉,造成流离失所人口增多,威胁粮食安全,造成生态环境损失。如果不采取有效减缓措施,预计到 21 世纪末每年暴露于干旱事件的人口将增加 14 亿,而暴露于洪涝事件的人口将增加 20 亿(Watts et al.,2015;2018)。发展中国家尤其是最不发达国家应对气象、水文灾害风险能力薄弱,受到暴雨、洪涝与干旱事件的影响特别深重。

本章主要基于来自 NASA 的降尺度到 0.25°水平高分辨率的 18 个全球耦合模式逐日降水数据,预估了中等(RCP4.5)与高(RCP8.5)排放情景下未来 20 a(2020—2039 年)、21 世纪中叶(2040—2059 年)以及 21 世纪末(2080—2099 年)"一带一路"主要合作区降水表征极端天气气候的变化特征并揭示了关键区。未来变化均为相对于历史基准时段(1986—2005 年),采用的降水表征极端事件频率与强度指标包括干天天数、中等及以上降水天数、强降水天数、最强 5 d 平均降水量、最干年份降水量与最湿年份降水量。

# 4.2 降水表征极端事件频率变化预估

## 4.2.1 干天天数

图 4.1 显示,多耦合模式预估的"一带一路"主要合作区干天天数 RCP4.5 与 RCP8.5 情景下未来 20 a(2020—2039 年)、21 世纪中叶(2040—2059 年)和 21 世纪末(2080—2099 年)空间变化结构相似。未来干天天数增加关键区主要出现在地中海地区、中欧、黑海经里海至帕米尔高原以西区域、赤道附近非洲的西部、中国东南部、马来群岛西部,而减少关键区则位于欧洲东北部地区至北亚、青藏高原、非洲之角及附近。相同未来时段,干天天数变化幅度在高排放情景下更大;相同排放情景下,变化幅度随未来时段推进而增大。在 RCP8.5 情景下的 21 世纪末,干天天数变化最大,区域差异最强:地中海地区、环黑海区域、中国东南部、马来群岛西部等增幅超过 10 d;而在欧洲东北部至北亚、非洲之角、青藏高原部分地

区降幅超过 10 d。

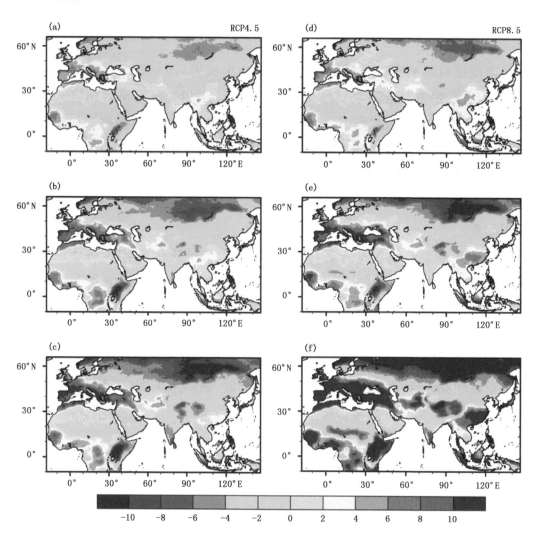

图 4.1　相对于历史基准时段(1986—2005 年),降尺度到 0.25°的 18 个耦合模式集合预估的
RCP4.5(a～c)与 RCP8.5(d～f)情景下"一带一路"主要合作区干天天数未来变化空间分布(单位:d)
(a)、(d) 未来 20 a(2020—2039 年),(b)、(e) 21 世纪中叶(2040—2059 年),
(c)、(f) 21 世纪末(2080—2099 年)

　　图 4.2 给出了"一带一路"主要合作区干天天数在 RCP4.5 与 RCP8.5 两种情
景下未来 20 a、21 世纪中叶与 21 世纪末多耦合模式预估结果的信度及模式间不
确定性。相同未来时段,RCP8.5 情景下干天天数变化更显著;相同排放情景下,
干天天数变化通过 95%信度水平 $t$ 检验的面积随着未来时段推进不断扩大。18
个耦合模式预估的未来干天天数变化的 1 个标准差被用来表示模式间的不确定

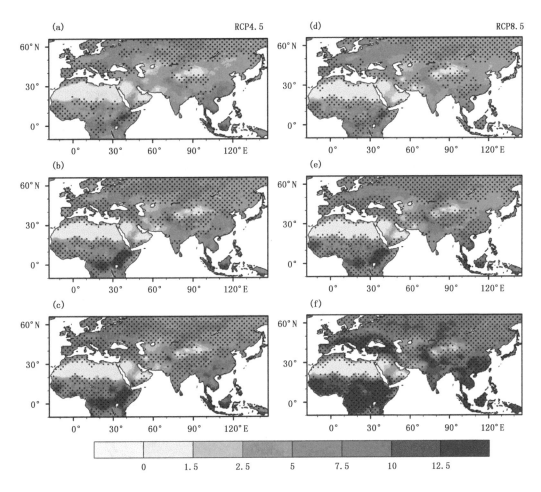

图 4.2　"一带一路"主要合作区干天天数 RCP4.5(a～c)与 RCP8.5(d～f)情景下未来
变化模式间不确定性及信度水平

(a)、(d) 未来 20 a(2020—2039 年),(b)、(e) 21 世纪中叶(2040—2059 年),

(c)、(f) 21 世纪末(2080—2099 年)

(显著性检验基于 18 个全球耦合模式 0.25°×0.25°高分辨率降尺度结果平均值,

打圆点区域(模式降尺度数据格点密集,圆点不与之对应)表示通过 95%信度水平,

不确定性为 18 个模式降尺度预估结果的 1 个标准差)(单位:d))

性。在 RCP4.5 与 RCP8.5 两种情景下,未来 20 a、21 世纪中叶和 21 世纪末"一带一路"主要合作区干天天数变化的模式间标准差的空间分布较为相近。最大值出现在赤道非洲附近、东南亚、环黑海地区等,表明这些区域模式间不确定性大。

从图 4.3～图 4.5 可以看出,单个耦合模式预估的 RCP4.5 情景下未来 20 a、21 世纪中叶与 21 世纪末"一带一路"主要合作区干天天数变化空间分布格局比较相似,但是不同的模式差异明显。同一个模式而言,预估的未来干天天数变化幅度从未来 20 a 至 21 世纪中叶推进至 21 世纪末普遍不断增大。

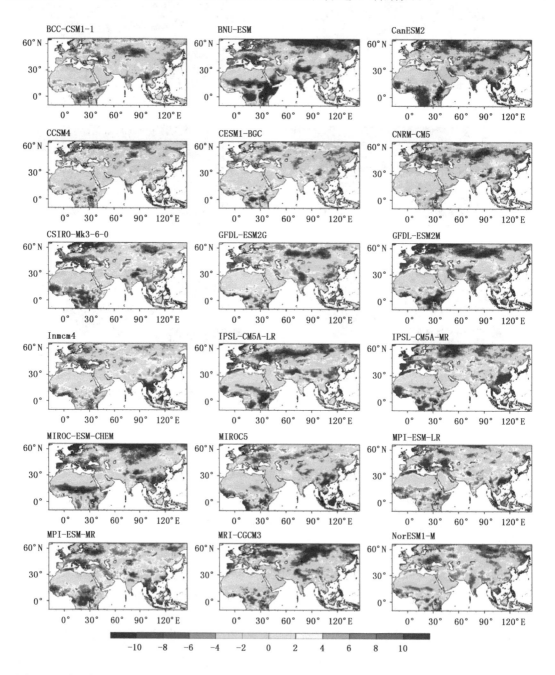

图 4.3　相对于历史时段(1986—2005 年),降尺度到 0.25°的各个耦合模式预估的 RCP4.5 情景下未来 20 a(2020—2039 年)"一带一路"主要合作区干天天数变化空间分布(单位:d)

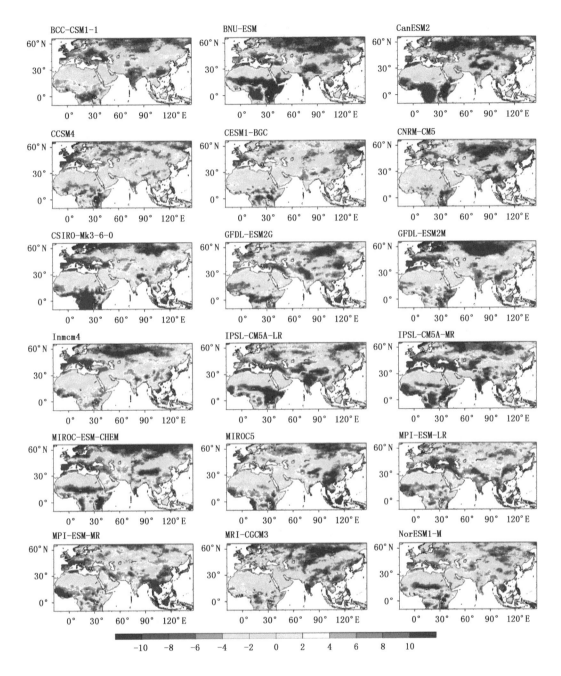

图 4.4 相对于历史时段(1986—2005 年),降尺度到 0.25°的各个耦合模式预估的 RCP4.5 情景下 21 世纪中叶(2040—2059 年)"一带一路"主要合作区干天天数变化空间分布(单位:d)

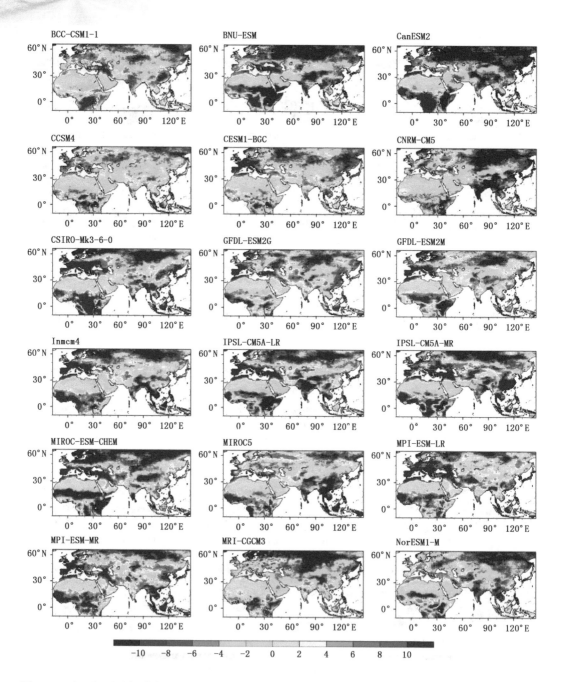

图4.5 相对于历史时段(1986—2005年),降尺度到0.25°的各个耦合模式预估的RCP4.5
情景下21世纪末(2080—2099年)"一带一路"主要合作区干天天数变化的空间分布(单位:d)

图4.6～图4.8给出了在RCP8.5情景下,各耦合模式预估的未来20 a、21世纪中叶与21世纪末"一带一路"主要合作区干天天数变化的空间结构。各个模式预估结果在RCP8.5情景下与RCP4.5情景下的空间分布主要特征一致,但是,

RCP8.5 情景下变化幅度在同未来时段更大。在 RCP8.5 情景下的 21 世纪末,各
个模式预估的未来干天天数变化最为剧烈。总体而言,在两种排放情景下的三个
未来时段,各模式都对多耦合模式预估的未来干天天数变化关键区具有不同程度
的表现能力。

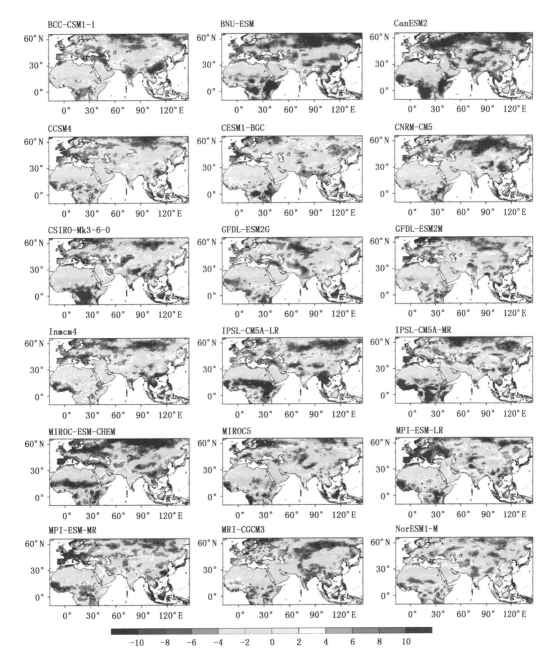

图 4.6　相对于历史时段(1986—2005 年),降尺度到 0.25°的各个耦合模式预估的 RCP8.5
情景下未来 20 a(2020—2039 年)"一带一路"主要合作区干天天数变化的空间分布(单位:d)

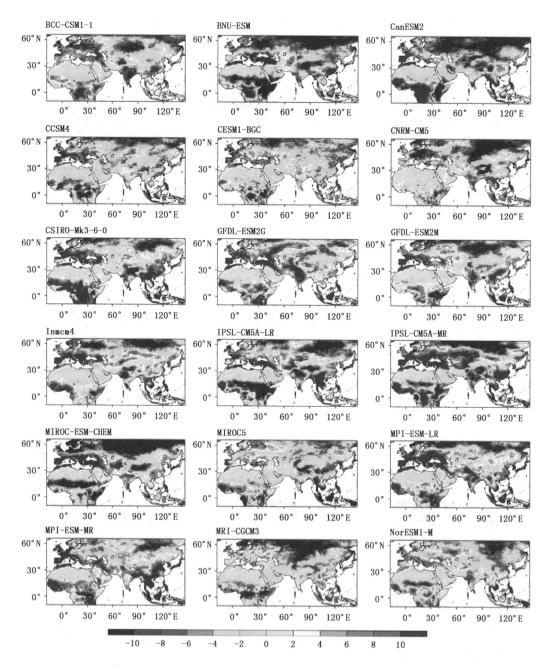

图 4.7　相对于历史时段(1986—2005 年),降尺度到 0.25°的各个耦合模式预估的 RCP8.5
情景下 21 世纪中叶(2040—2059 年)"一带一路"主要合作区干天天数变化
的空间分布(单位:d)

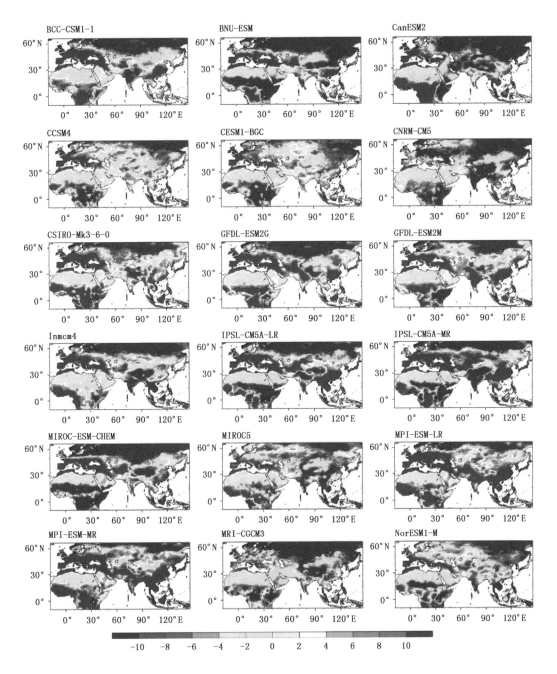

图 4.8　相对于历史时段(1986—2005 年),降尺度到 0.25°的各个耦合模式预估的 RCP8.5
情景下 21 世纪末(2080—2099 年)"一带一路"主要合作区干天天数变化
的空间分布(单位:d)

RCP4.5 与 RCP8.5 情景下,多耦合模式预估未来 20 a、21 世纪中叶和 21 世纪末"一带一路"主要合作区空间平均的干天天数变化值均表现减少,但模式间不确定性较大(图 4.9)。未来 20 a,"一带一路"主要合作区空间平均的干天天数在RCP4.5 与 RCP8.5 情景下分别降低 0.50 d 和 0.41 d;至 21 世纪中叶,分别减少0.78 d 和 0.49 d;到 21 世纪末,分别下降 1.31 d 和 0.84 d。这些变化均通过了95% 的信度 $t$ 检验。在 RCP4.5 情景下,"一带一路"主要合作区干天天数空间平均值在未来 20 a、21 世纪中叶和 21 世纪末模式间标准差分别为 1.23 d、1.81 d 和2.55 d;在 RCP8.5 情景下,分别为 1.24 d、2.24 d 和 4.56 d。这些结果表明,预估的"一带一路"主要合作区未来干天天数空间平均值模式间不确定性大。

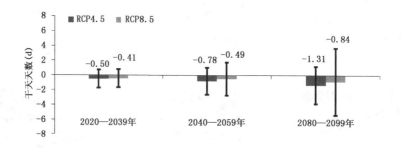

图 4.9  RCP4.5 与 RCP8.5 情景下,降尺度到 0.25°的 18 个耦合模式集合预估的"一带一路"
主要合作区干天天数空间平均值未来 20 a(2020—2039 年)、21 世纪中叶(2040—2059 年)和
21 世纪末(2080—2099 年)的变化 (单位:d)
(未来变化为相对于历史基准期(1986—2005 年)差异,全部数值通过了 95% 信度 $t$ 检验,
误差条范围为正负模式间标准差)

图 4.10 显示,18 个耦合模式预估的"一带一路"主要合作区未来干天天数变化空间平均值具有非常明显的差异。在两种情景下的三个未来时段,BNU-ESM、CNRM-CM5、MIROC-ESM-CHEM 与 MRI-CGCM3 预估结果表现为未来干天天数空间平均值一致明显下降;CSIRO-Mk3-6-0,MPI-ESM-LR 与 MPI-ESM-MR则表现为一致明显上升;其他模式预估值普遍变化不明显,并且有正有负。这些结果表明,未来干天天数空间平均值的模式间不确定性大。

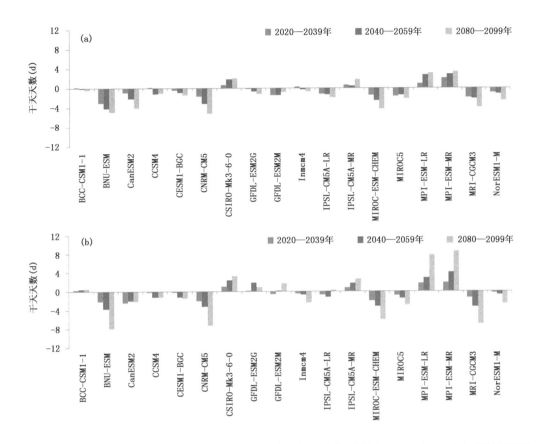

图 4.10 (a)RCP4.5 和(b)RCP8.5 情景下,相对于历史时段(1986—2005 年),降尺度到
0.25°的 18 个耦合模式预估的"一带一路"主要合作区域空间平均的干天
天数未来 20 a(2020—2039 年)、21 世纪中叶(2040—2059 年)和
21 世纪末(2080—2099 年)的变化(单位:d)

## 4.2.2　中等及以上降水天数

　　RCP4.5 和 RCP8.5 两种情景下,多耦合模式预估的"一带一路"主要合作区中等及以上降水天数未来 20 a、21 世纪中叶和 21 世纪末变化的空间结构较为相似,除地中海地区及其他一些区域以外普遍表现为增多(图 4.11)。未来中等及以上降水天数增加关键区主要位于除西北端以外的赤道附近非洲、南亚湿润区、青藏高原、东南亚、东亚季风区的不少区域、欧洲北部地区至北亚西部。RCP4.5 或 RCP8.5 情景下,从未来 20 a 到 21 世纪中叶推进至 21 世纪末,中等及以上降水天数变化幅度都不断增强;相同未来时段,变化幅度在 RCP8.5 情景下总体上均大于 RCP4.5 情景下变化幅度。

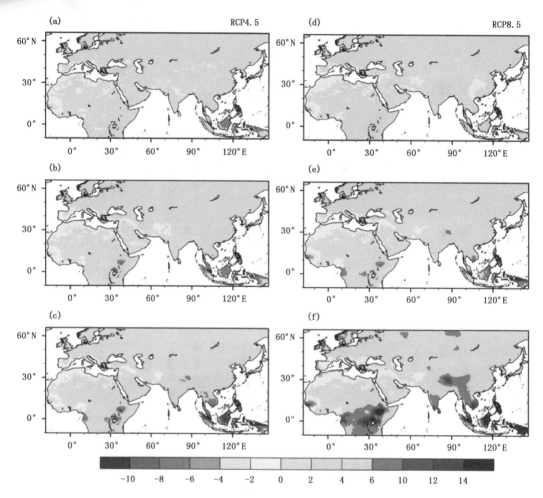

图 4.11　相对于历史基准时段(1986—2005 年),降尺度到 0.25°的 18 个耦合模式集合
预估的 RCP4.5(a~c)与 RCP8.5(d~f)情景下"一带一路"主要合作区中等及以上
降水天数未来变化空间分布(单位:d)

(a)、(d) 未来 20 a(2020—2039 年),(b)、(e) 21 世纪中叶(2040—2059 年),

(c)、(f) 21 世纪末(2080—2099 年)

　　图 4.12 给出了 RCP4.5 与 RCP8.5 情景下,多耦合模式预估的"一带一路"主
要合作区中等及以上降水天数在未来 20 a、21 世纪中叶与 21 世纪末变化的信度
及模式间不确定性。相同排放情景下,从未来 20 a 至 21 世纪中叶推进到 21 世纪
末中等及以上降水天数显著变化面积不断扩大;相同未来时段,显著变化面积在
RCP8.5 情景下比 RCP4.5 更多。RCP8.5 情景下的 21 世纪末,"一带一路"主要
合作区中等及以上降水天数变化在除撒哈拉大沙漠与西亚以外区域普遍通过了
95%信度检验。两种排放情景下的未来三个时段,湿润赤道附近非洲、东南亚、南

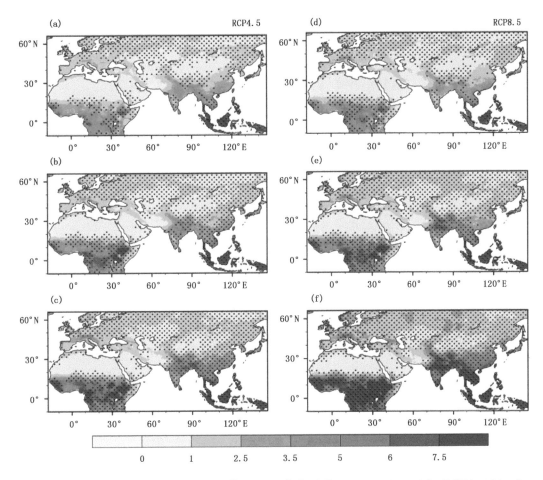

图 4.12 "一带一路"主要合作区中等及以上降水天数 RCP4.5(a~c)与 RCP8.5(d~f)
情景下未来变化模式间不确定性及信度水平

(a)、(d) 未来 20 a(2020—2039 年),(b)、(e) 21 世纪中叶(2040—2059 年),

(c)、(f) 21 世纪末(2080—2099 年)

(显著性检验基于 18 个全球耦合模式 0.25°×0.25°高分辨率降尺度结果平均值,

打圆点区域(模式降尺度数据格点密集,圆点不与之对应)表示通过 95%信度水平,

不确定性为 18 个模式降尺度预估结果的 1 个标准差)(单位:d)

亚等地区中等及以上降水天数模式间不确定性最大,而亚非干旱-半干旱区的模式
间不确定性最小。

图 4.13~图 4.15 显示,单个耦合模式预估的"一带一路"主要合作区 RCP4.5
情景下未来 20 a、21 世纪中叶与 21 世纪末中等及以上降水天数变化的空间结构
相似,不同模式间差异大。同一个模式而言,从未来 20 a 到 21 世纪中叶再至 21
世纪末,预估的未来中等及以上降水天数变化符号普遍相同,变化幅度不断增加。

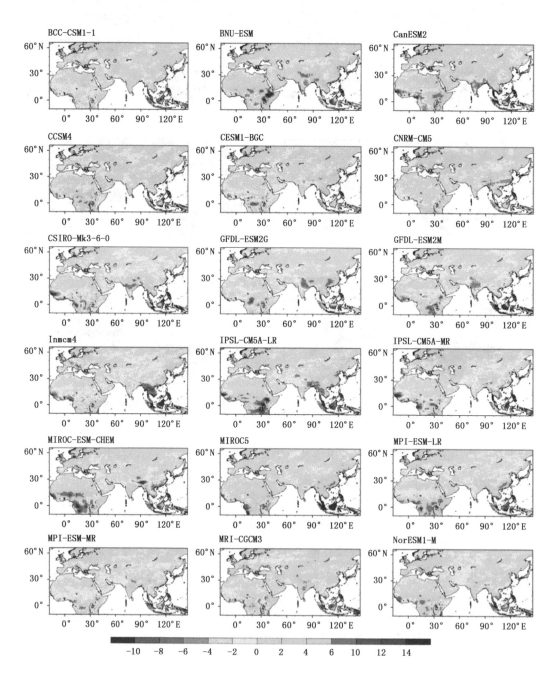

图 4.13　相对于历史基准时段(1986—2005 年),降尺度到 0.25°的各个耦合模式预估的
RCP4.5 情景下未来 20 a(2020—2039 年)"一带一路"主要合作区中等及
以上天数变化空间分布(单位:d)

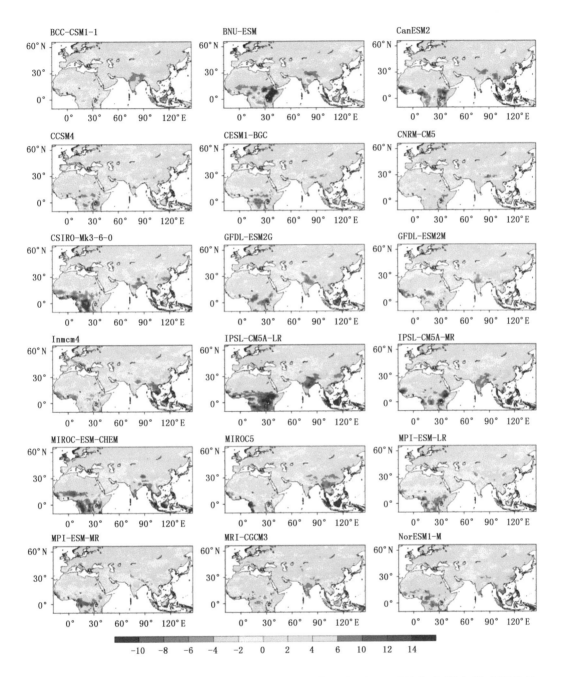

图 4.14　相对于历史基准时段(1986—2005 年),降尺度到 0.25°的各个耦合模式预估的
RCP4.5 情景下 21 世纪中叶(2040—2059 年)"一带一路"主要合作区中等及
以上降水天数变化空间分布(单位:d)

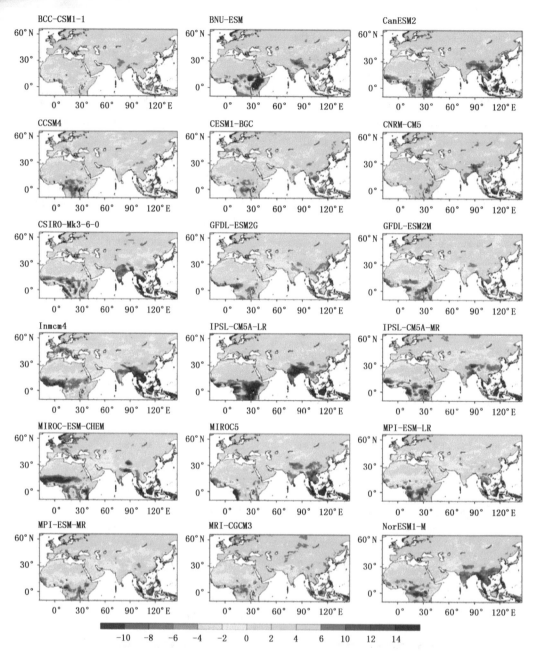

图 4.15　相对于历史基准时段(1986—2005 年),降尺度到 0.25°的各个耦合模式预估的
RCP4.5 情景下 21 世纪末(2080—2099 年)"一带一路"主要合作区中等及
以上降水天数变化的空间分布(单位:d)

　　从图 4.16～图 4.18 可以看出,在 RCP8.5 情景下,同一耦合模式预估的未来
20 a、21 世纪中叶与 21 世纪末中等及以上降水天数变化的空间分布特征总体上
与 RCP4.5 情景下分布特征较为一致。但是在相同未来时段,RCP8.5 情景下的

变化幅度更大。两种排放情景下的三个未来时段相比较,RCP8.5 情景下的 21 世纪末,单个耦合模式预估的中等及以上降水天数变化强度最大。总体而言,单个耦合模式对多模式集合预估的中等及以上降水天数减少区与增加关键区具有程度不同的表现能力。

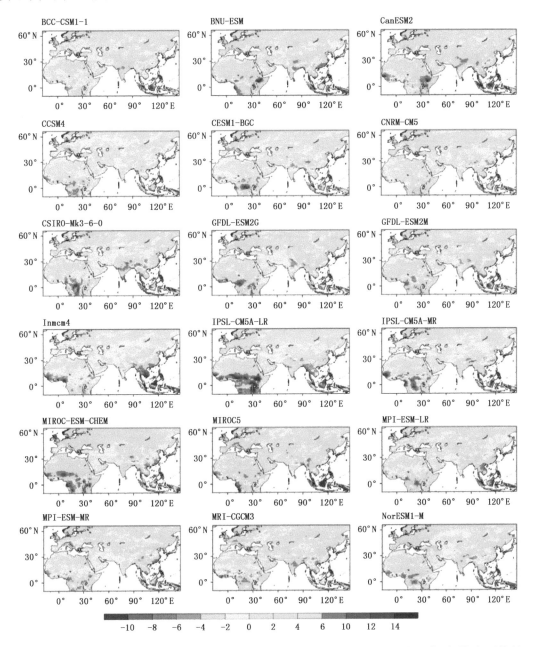

图 4.16 相对于历史基准时段(1986—2005 年),降尺度到 0.25°的各个耦合模式预估的 RCP8.5 情景下未来 20 a(2020—2039 年)"一带一路"主要合作区中等及 以上降水天数变化的空间分布(单位:d)

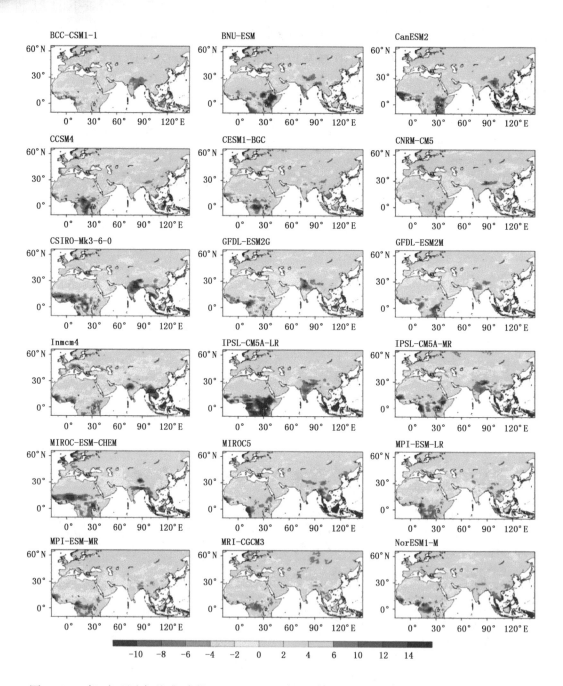

图 4.17 相对于历史基准时段(1986—2005 年),降尺度到 0.25°的各个耦合模式预估的
RCP8.5 情景下 21 世纪中叶(2040—2059 年)"一带一路"主要合作区中等及
以上降水天数变化的空间分布(单位:d)

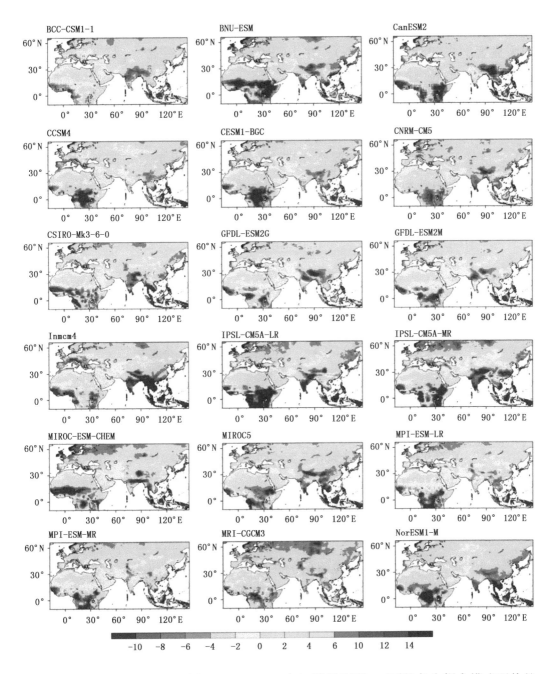

图 4.18 相对于历史基准时段(1986—2005 年),降尺度到 0.25°的各个耦合模式预估的

RCP8.5 情景下 21 世纪末(2080—2099 年)"一带一路"主要合作区中等及

以上降水天数变化的空间分布(单位:d)

图 4.19 显示,在 RCP4.5 和 RCP8.5 情景下,多耦合模式预估"一带一路"主要合作区中等及以上降水天数空间平均值未来 20 a、21 世纪中叶和 21 世纪末均表现为显著增多(95%信度水平)。在 RCP4.5 情景下,"一带一路"主要合作区中等及以上降水天数空间平均值分别上升 0.80 d、1.24 d 和 1.83 d。与 RCP4.5 情景下预估结果相比,RCP8.5 情景下的增加幅度更高,分别为 0.84 d、1.56 d 和 3.11 d。随着排放情景增强与未来时段推进,模式间不确定性普遍不断增大。在 RCP4.5 情景下,"一带一路"主要合作区中等及以上降水天数空间平均变化值未来 20 a、21 世纪中叶和 21 世纪末模式间的标准差分别为 0.39 d、0.54 d 和 0.69 d;在 RCP8.5 情景下,则分别为 0.33 d、0.61 d 和 1.11 d。

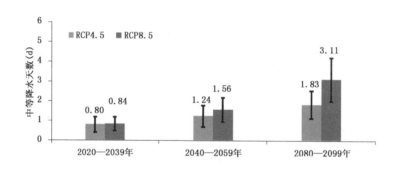

图 4.19 RCP4.5 与 RCP8.5 情景下,降尺度到 0.25°的 18 个耦合模式集合预估的"一带一路"主要合作区中等及以上降水天数空间平均值未来 20 a(2020—2039 年)、21 世纪中叶(2040—2059 年)和 21 世纪末(2080—2099 年)的变化 (单位:d)
(未来变化为相对于历史基准期(1986—2005 年)差异,全部数值均通过 95%信度水平,误差条范围为正负模式间标准差)

图 4.20 表明,18 个耦合模式预估的"一带一路"主要合作区空间平均的中等及以上降水天数未来 20 a、21 世纪中叶和 21 世纪末的变化与多模式集合平均结果相似,均表现为一致的增加,但是增加幅度模式间差异明显。两种情景下的未来三个时段,BNU-ESM、IPSL-CM5A-LR、MIROC5 等模式预估结果普遍比多模式平均结果明显偏多;而 BCC-CSM1.1、GFDL-ESM2M、MPI-ESM-MR 等模式预估结果普遍明显偏低。

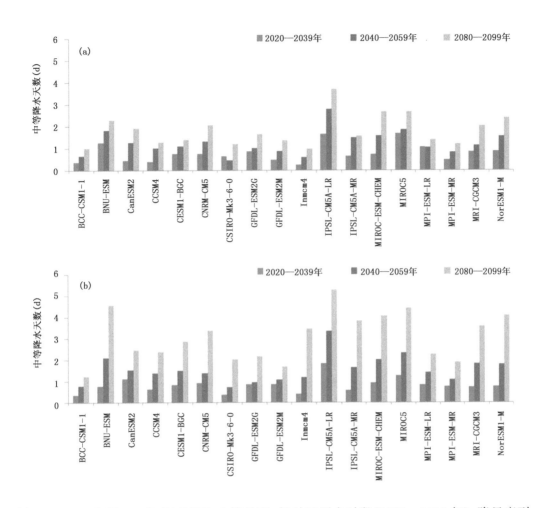

图 4.20 (a)RCP4.5 和(b)RCP8.5 情景下,相对于历史时段(1986—2005 年),降尺度到

0.25°的 18 个耦合模式预估的"一带一路"主要合作区空间平均的中等及以上

降水天数未来 20 a(2020—2039 年)、21 世纪中叶(2040—2059 年)和

21 世纪末(2080—2099 年)的变化(单位:d)

## 4.2.3 强降水天数

图 4.21 显示,多耦合模式预估的 RCP4.5 和 RCP8.5 情景下"一带一路"主要合作区强降水天数未来 20 a、21 世纪中叶和 21 世纪末空间变化结构相似。未来强降水天数主要以增多为主,最大增幅出现在刚果盆地及周边、南亚湿润区、青藏高原南部、东南亚、东亚季风区部分地区、欧洲北部一些地区。在地中海地区部分区域等未来强降水天数出现减少,但是幅度小。相同排放情景下,未来强降水天

数变化幅度随着未来时段向前推移而不断增大;相同未来时段,变化幅度在
RCP8.5 情景下更大。

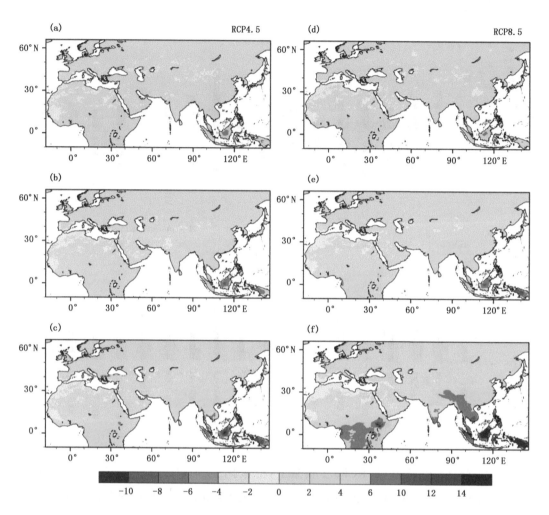

图 4.21　相对于历史基准时段(1986—2005 年),降尺度到 0.25°的 18 个耦合模式集合预估的
RCP4.5(a~c)与 RCP8.5(d~f)情景下"一带一路"主要合作区强降水天数
未来变化空间分布(单位:d)

(a)、(d) 未来 20 a(2020—2039 年),(b)、(e) 21 世纪中叶(2040—2059 年),

(c)、(f) 21 世纪末(2080—2099 年)

图 4.22 给出了"一带一路"主要合作区强降水天数在 RCP4.5 与 RCP8.5 两
种情景下未来变化的信度及模式间不确定性。相同排放情景下,未来强降水天数
变化超过 95%信度水平的面积从未来 20 a 至 21 世纪中叶推进到 21 世纪末不断
扩大。相同未来时段,RCP8.5 情景下未来强降水天数变化更显著。在两种情景

下,未来 20 a、21 世纪中叶和 21 世纪末"一带一路"主要合作区强降水天数模式间标准差空间分布较为相似,赤道附近非洲、东南亚、南亚不少区域、东亚季风区部分区域等模式间不确定性大。

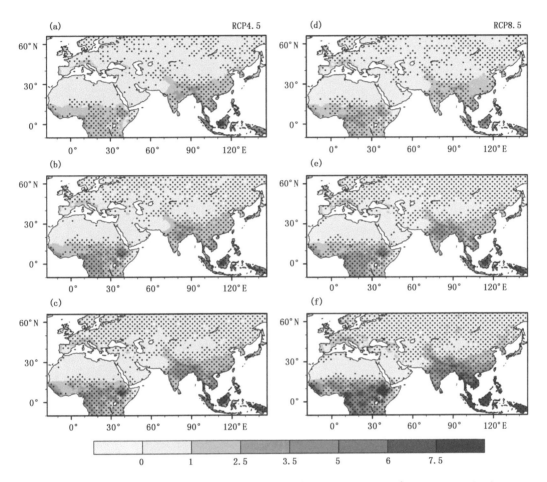

图 4.22 "一带一路"主要合作区强降水天数 RCP4.5(a~c)与 RCP8.5(d~f)
情景下未来变化模式间不确定性及信度水平

(a)、(d) 未来 20 a(2020—2039 年),(b)、(e) 21 世纪中叶(2040—2059 年),

(c)、(f) 21 世纪末(2080—2099 年)

(显著性检验基于 18 个全球耦合模式 0.25°×0.25°高分辨率降尺度结果平均值,
打圆点区域(模式降尺度数据格点密集,圆点不与之对应)表示通过 95%信度水平,
不确定性为 18 个模式降尺度预估结果的 1 个标准差,单位:d)

RCP4.5 与 RCP8.5 情景下,同一耦合模式预估的"一带一路"主要合作区未来强降水天数空间变化结构比较一致。在相同情景下,单个模式预估的未来强降水天数变化幅度从未来 20 a 到 21 世纪中叶至 21 世纪末普遍不断增大;在相同未

来时段 RCP8.5 情景下变化幅度更大。比较而言,不同模式间预估结果差异较大。例如,萨赫勒地区,BNU-ESM、CCSM4、IPSL-CM5A-LR 等模式预估未来强降水天数明显增多,而 Inmcm4、MRI-CGCM3 等模式预估明显减少。在两种排放情景下的未来三个时段,各模式均能在一定程度上模拟预估出多模式平均的未来强降水天数的变化关键区。

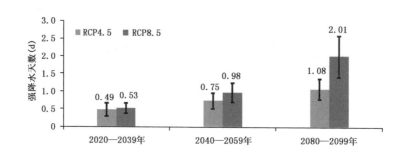

图 4.23　RCP4.5 与 RCP8.5 情景下,降尺度到 0.25°的 18 个耦合模式集合预估的
"一带一路"主要合作区强降水天数空间平均值未来 20 a(2020—2039 年)、
21 世纪中叶(2040—2059 年)和 21 世纪末(2080—2099 年)的变化 (单位:d)
(未来变化为相对于历史基准期(1986—2005 年)差异,全部数值均通过 95％信度水平,
误差条范围为正负模式间标准差)

在 RCP4.5 和 RCP8.5 情景下,多耦合模式集合预估的"一带一路"主要合作区空间平均的强降水天数未来 20 a、21 世纪中叶和 21 世纪末均表现为显著增多。在 RCP4.5 情景下,"一带一路"主要合作区强降水天数空间平均值增加幅度分别为 0.49 d、0.75 d 和 1.08 d;在 RCP8.5 情景下,增加幅度分别为 0.53 d、0.98 d 和 2.01 d。这些变化值均通过了 95％信度 $t$ 检验。在 RCP4.5 情景下,未来 20 a、21 世纪中叶和 21 世纪末"一带一路"主要合作区强降水天数空间平均值变化的模式间标准差分别为 0.18 d、0.22 d 和 0.28 d;在 RCP8.5 情景下,分别为 0.14 d、0.27 d 和 0.58 d。

图 4.24 显示,在 RCP4.5 和 RCP8.5 两种情景下,各耦合模式预估的"一带一路"主要合作区强降水天数变化空间平均值在两种情景下未来三个时段均表现为一致的增加,但是增幅存在较大差异。BNU-ESM、IPSL-CM5A-LR、MIROC5 等模式比多模式平均预估结果普遍明显高,而 BCC-CSM1.1、GFDL-ESM2M、MI-ROC-ESM-CHEM 等模式普遍明显低。

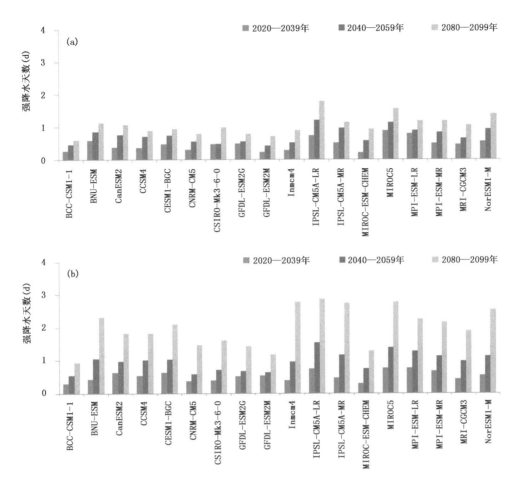

图 4.24 (a)RCP4.5 和(b)RCP8.5 情景下,相对于历史基准时段(1986—2005 年),降尺度到
0.25°的 18 个耦合模式预估的"一带一路"主要合作区空间平均的强降水
天数未来 20 a(2020—2039 年)、21 世纪中叶(2040—2059 年)和
21 世纪末(2080—2099 年)的变化(单位:d)

## 4.3 降水表征极端事件强度变化预估

### 4.3.1 最强 5 d 平均降水量

图 4.25 显示,RCP4.5 和 RCP8.5 排放情景下,多耦合模式预估的"一带一路"主要合作区最强 5 d 平均降水量未来 20 a、21 世纪中叶和 21 世纪末除极小部分地区外都表现出增强。增加关键区主要出现在东亚季风区、贝加尔湖至东北

亚、东南亚、青藏高原及南亚湿润区、赤道附近非洲、西欧、环黑海地区。相同未来时段,"一带一路"主要合作区最强 5 d 平均降水量变化幅度在 RCP8.5 情景下总体上均大于 RCP4.5 情景下的变化幅度;相同情景下,变化幅度普遍随未来时段向前推进而不断增强。在 RCP8.5 情景下的 21 世纪末,南亚湿润区至中南半岛一带以及其他一些区域最强 5 d 平均降水增加幅度超过 30 mm/d;中国东南部等地增幅在 20~30 mm/d。

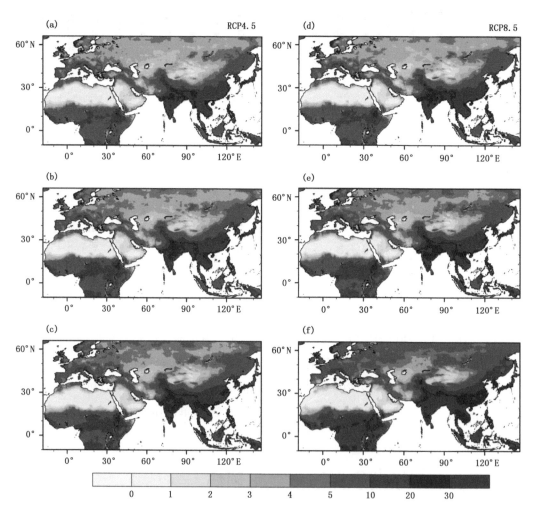

图 4.25　相对于历史基准时段(1986—2005 年),降尺度到 0.25°的 18 个耦合模式集合预估的 RCP4.5(a~c)与 RCP8.5(d~f)情景下"一带一路"主要合作区最强 5 d 平均降水量未来变化空间分布(单位:mm/d)

(a)、(d) 未来 20 a(2020—2039 年),(b)、(e) 21 世纪中叶(2040—2059 年),

(c)、(f) 21 世纪末(2080—2099 年)

图 4.26 表明,在 RCP4.5 情景及 RCP8.5 情景下,多耦合模式预估的"一带一路"主要合作区最强 5 d 平均降水量未来 20 a、21 世纪中叶与 21 世纪末的变化除撒哈拉大沙漠以外几乎全部通过了 95% 信度 $t$ 检验。在两种情景下的三个未来时段,"一带一路"主要合作区最强 5 d 平均降水量模式间标准差空间结构相似,最大值主要出现在赤道附近非洲、亚洲季风区与马来群岛热带雨林区。

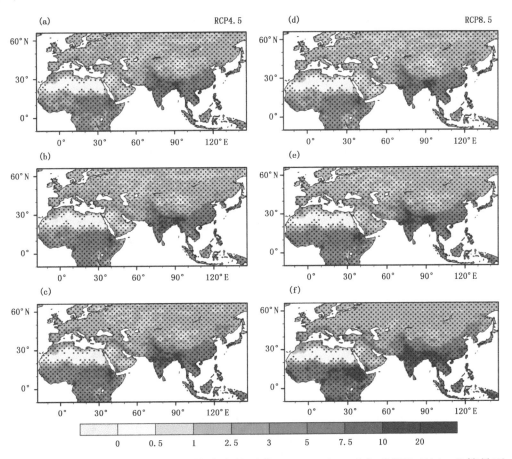

图 4.26 "一带一路"最强 5 d 平均降水量天数 RCP4.5(a~c)与 RCP8.5(d~f)情景下未来变化模式间不确定性及信度水平

(a)、(d) 未来 20 a(2020—2039 年),(b)、(e) 21 世纪中叶(2040—2059 年),

(c)、(f) 21 世纪末(2080—2099 年)

(显著性检验基于 18 个全球耦合模式 0.25°×0.25° 高分辨率降尺度结果平均值,

打圆点区域(模式降尺度数据格点密集,圆点不与之对应)表示通过 95% 信度水平,

不确定性为 18 个模式降尺度预估结果的 1 个标准差,单位:mm/d)

从图 4.27~图 4.29 可以看出,在 RCP4.5 情景下,单个耦合模式预估的"一带一路"主要合作区最强 5 d 平均降水量未来 20 a、21 世纪中叶与 21 世纪末变化

的空间分布格局与多模式平均预估结果比较相似。在东亚季风区、贝加尔湖至东北亚、东南亚、青藏高原及南亚湿润区、赤道附近非洲、西欧、环黑海地区单个模式预估的最强 5 d 平均降水量未来增加幅度普遍较强。

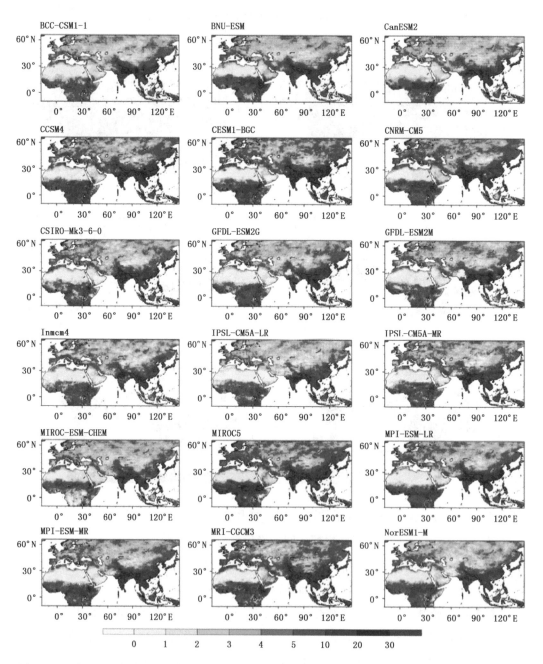

图 4.27　相对于历史基准时段(1986—2005 年),降尺度到 0.25°的各个耦合模式预估的
RCP4.5 情景下未来 20 a(2020—2039 年)"一带一路"主要合作区最强 5 d 平均
降水量变化空间分布(单位:mm/d)

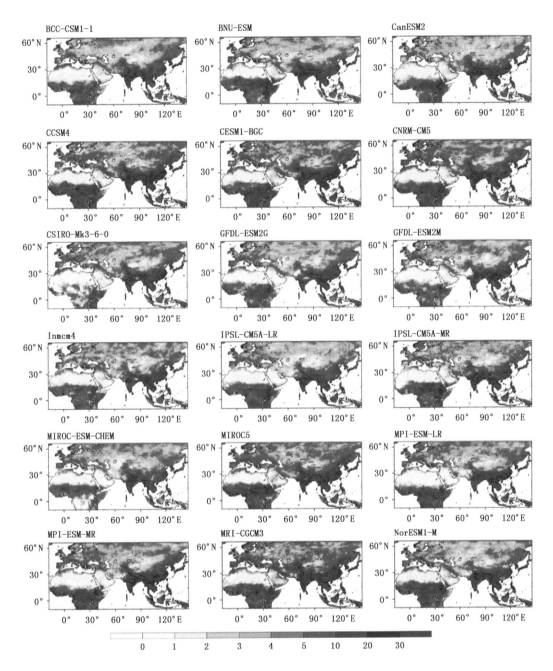

图 4.28  相对于历史基准时段(1986—2005 年),降尺度到 0.25°的各个耦合模式预估的
RCP4.5 情景下 21 世纪中叶(2040—2059 年)"一带一路"主要合作区最强 5 d 平均
降水量变化空间分布(单位:mm/d)

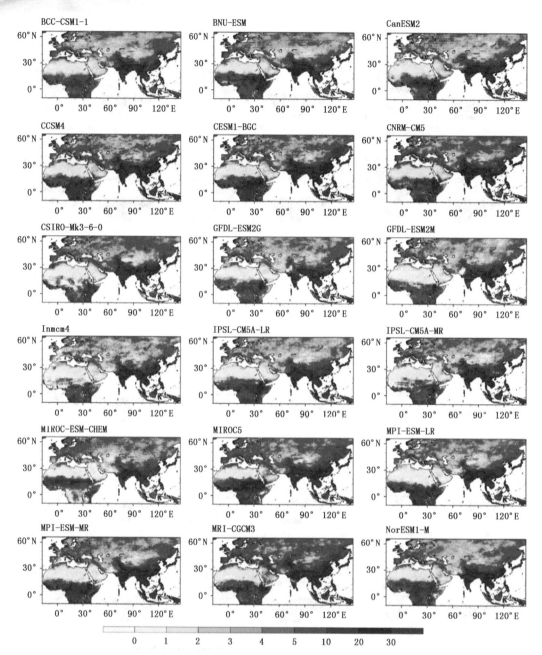

图 4.29　相对于历史基准时段(1986—2005 年),降尺度到 0.25°的各个耦合模式预估的
RCP4.5 情景下 21 世纪末(2080—2099 年)"一带一路"主要合作区最强 5 d 平均
降水量变化的空间分布(单位:mm/d)

　　图 4.30～图 4.32 给出了在 RCP8.5 情景下,各耦合模式预估的"一带一路"
主要合作区域未来 20 a、21 世纪中叶与 21 世纪末最强 5 d 平均降水量变化的空间
分布。综合图 4.27～图 4.32 结果表明,在两种情景下的三个未来时段,单个耦合

模式预估的未来最强 5 d 平均降水量空间变化格局与多耦合模式预估结果普遍比较一致。但在相同未来时段,RCP8.5 情景下最强 5 d 平均降水量变化幅度更大;在相同情景下,变化幅度随着未来时段向前推进而增强。在 RCP8.5 情景下的 21世纪末,18 个耦合模式预估的未来最强 5 d 平均降水量变化最强。

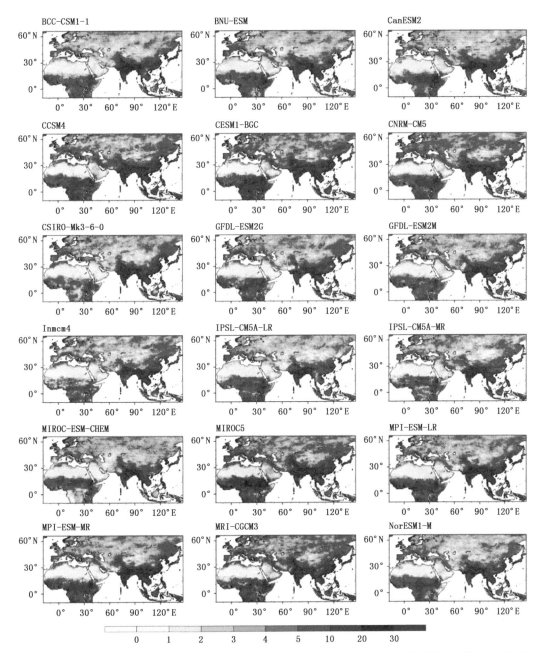

图 4.30　相对于历史基准时段(1986—2005 年),降尺度到 0.25°的各个耦合模式预估的
RCP8.5 情景下未来 20 a(2020—2039 年)"一带一路"主要合作区最强 5 d 平均
降水量变化的空间分布(单位:mm/d)

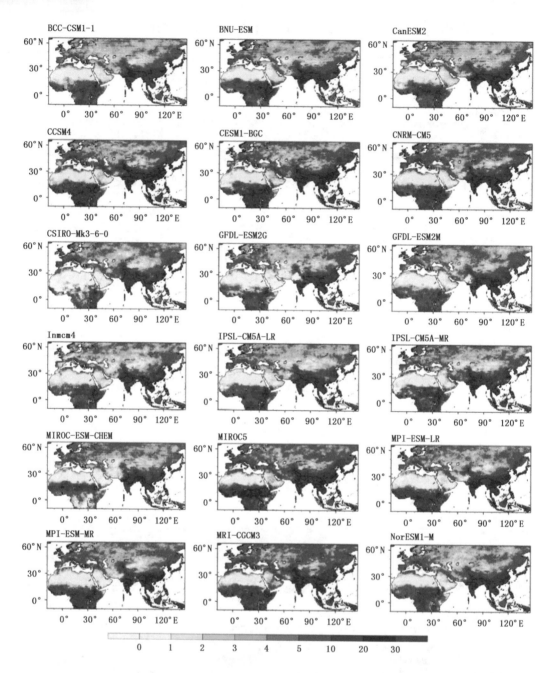

图 4.31　相对于历史基准时段(1986—2005 年),降尺度到 0.25°的各个耦合模式预估的
RCP8.5 情景下 21 世纪中叶(2040—2059 年)"一带一路"主要合作区最强 5 d 平均
降水量变化的空间分布(单位:mm/d)

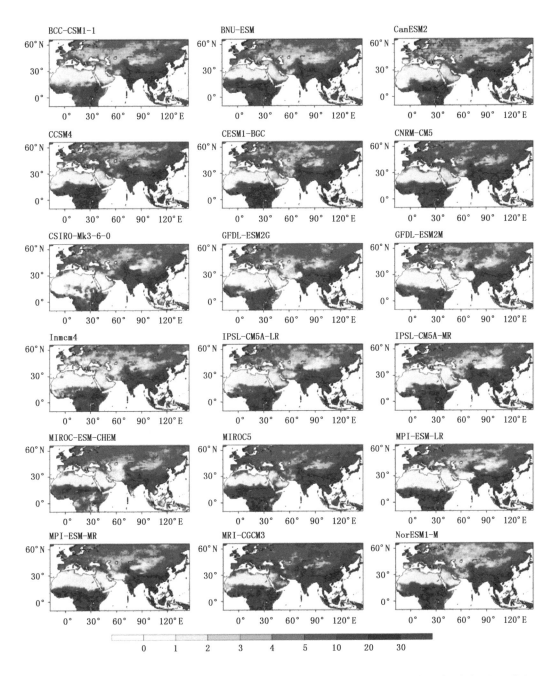

图 4.32 相对于历史基准时段(1986—2005 年),降尺度到 0.25°的各个耦合模式预估的
RCP8.5 情景下 21 世纪末(2080—2099 年)"一带一路"主要合作区最强 5 d 平均
降水量变化的空间分布(单位:mm/d)

RCP4.5 和 RCP8.5 情景下,多耦合模式预估的未来 20 a、21 世纪中叶和 21 世纪末"一带一路"主要合作区最强 5 d 平均降水量空间平均值均表现为显著增大(图 4.33)。未来 20 a,"一带一路"主要合作区最强 5 d 平均降水量空间平均值在 RCP4.5 与 RCP8.5 情景下分别上升 6.17 mm/d 和 6.37 mm/d;至 21 世纪中叶,分别升高 6.86 mm/d 和 7.52 mm/d;到 21 世纪末,分别增强 7.59 mm/d 和 10.24 mm/d。以上两种情景下的未来三个时段空间平均的最强 5 d 平均降水量变化均通过了 95% 信度检验。在 RCP4.5 情景下,"一带一路"主要合作区最强 5 d 平均降水量空间平均变化值未来 20 a、21 世纪中叶和 21 世纪末模式间标准差分别为 0.96 mm/d、0.98 mm/d 和 1.05 mm/d;在 RCP8.5 情景下,分别为 1.00 mm/d、1.04 mm/d 和 1.59 mm/d。

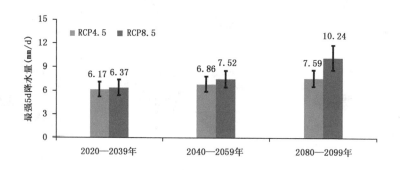

图 4.33　RCP4.5 与 RCP8.5 情景下,降尺度到 0.25°的 18 个耦合模式集合预估的"一带一路"主要合作区最强 5 d 平均降水量空间平均值未来 20 a(2020—2039 年)、21 世纪中叶(2040—2059 年)和 21 世纪末(2080—2099 年)的变化 (单位:mm/d)(未来变化为相对于历史基准期(1986—2005 年)差异,全部数值均通过 95% 信度水平,误差条范围为正负模式间标准差)

图 4.34 显示,在 RCP4.5 和 RCP8.5 情景下,未来 20 a、21 世纪中叶和 21 世纪末 18 个耦合模式预估的"一带一路"主要合作区空间平均的最强 5 d 平均降水量变化均表现为一致的明显增加,同时模式间存在差异;CCSM4、CESM1-BGC、MIROC5、MRI-CGCM3 等模式预估结果相对较高,而 BCC-CSM1-1、MIROC-ESM-CHEM 等模式预估结果相对较低。

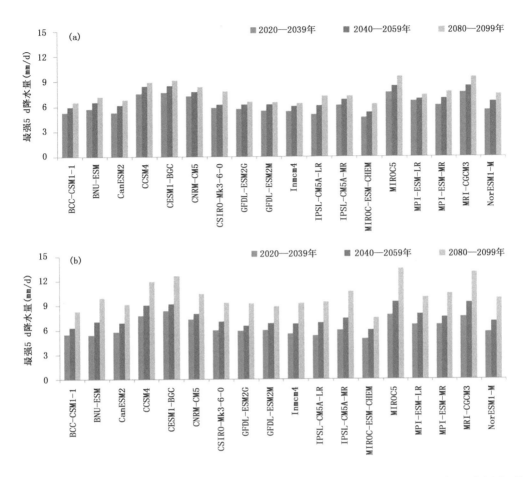

图 4.34  (a)RCP4.5 和(b)RCP8.5 情景下,相对于历史时段(1986—2005 年),降尺度到

0.25°的 18 个耦合模式预估的"一带一路"主要合作区空间平均的最强 5 d 平均

降水量未来 20 a(2020—2039 年)、21 世纪中叶(2040—2059 年)和

21 世纪末(2080—2099 年)的变化(单位:mm/d)

## 4.3.2  最干年份降水量

图 4.35 显示,在 RCP4.5 与 RCP8.5 情景下,多耦合模式预估的未来 20 a、21 世纪中叶和 21 世纪末"一带一路"主要合作区最干年份降水量空间变化结构较为相似。增加关键区主要出现在赤道附近非洲不少区域、欧洲东北部至北亚、东亚季风区一些区域、东南亚、青藏高原与南亚湿润区。地中海地区、环黑海地区以及其他一些区域未来最干年份降水量将下降。相同未来时段,最干年份降水量变化幅度在 RCP8.5 情景下更大;相同排放情景下,变化幅度随未来时段向前推进而增强。总体而言,未来最干年份降水量在相对干旱与湿润区的差异更强,对比性

更明显。

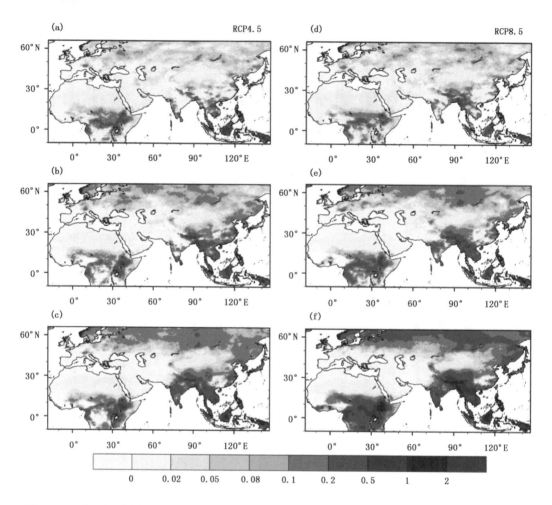

图 4.35　相对于历史基准时段(1986—2005 年),降尺度到 0.25°的 18 个耦合模式集合
预估的 RCP4.5(a~c)与 RCP8.5(d~f)情景下"一带一路"主要合作区最干年份
降水量未来变化空间分布(单位:mm/d)
(a)、(d) 未来 20 a(2020—2039 年),(b)、(e) 21 世纪中叶(2040—2059 年),
(c)、(f) 21 世纪末(2080—2099 年)

　　图 4.36 给出了多耦合模式预估的"一带一路"最干年份降水量在 RCP4.5 与
RCP8.5 情景下的未来 20 a、21 世纪中叶与 21 世纪末变化的信度水平与模式间不
确定性。两种情景下的未来三个时段,最干年份降水量变化在赤道附近非洲不少
区域、欧洲东北部至北亚、东亚季风区一些区域、东南亚、青藏高原与南亚湿润区
等普遍都通过了 95% 信度 $t$ 检验,而在撒哈拉大沙漠、西亚南部、中亚南部等变化
则不显著。未来最干年份降水量变化的模式间标准差在赤道附近非洲、南亚湿润

区、东南亚、青藏高原南部与中国东南部比较大,而在亚非干旱-半干旱带则较小。

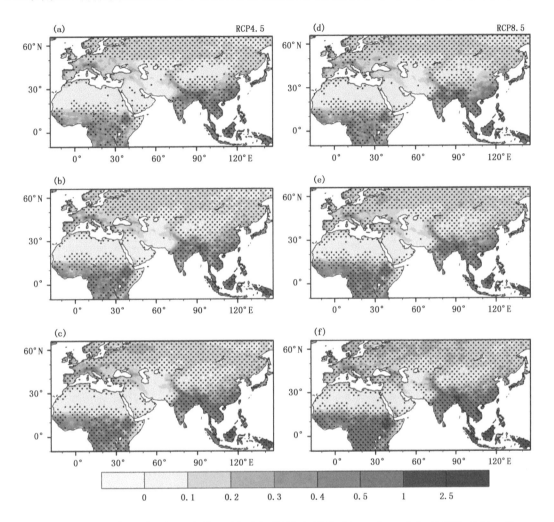

图 4.36 "一带一路"主要合作区最干年份降水量 RCP4.5(a～c)与 RCP8.5(d～f)
情景下未来变化模式间不确定性及信度水平

(a)、(d) 未来 20 a(2020—2039 年),(b)、(e) 21 世纪中叶(2040—2059 年),

(c)、(f) 21 世纪末(2080—2099 年)

(显著性检验基于 18 个全球耦合模式 0.25°×0.25°高分辨率降尺度结果平均值,

打圆点区域(模式降尺度数据格点密集,圆点不与之对应)表示通过 95%信度水平,

不确定性为 18 个模式降尺度预估结果的 1 个标准差)(单位:mm/d)

从图 4.37～图 4.39 可以看出,在 RCP4.5 情景下,相同模式预估的"一带一路"主要合作区未来 20 a、21 世纪中叶与 21 世纪末最干年份降水量变化的空间结构比较相似,但是 18 个模式间的差异较大。在 RCP4.5 情景下,各个模式预估的

最干年份降水量变化幅度随着未来时段推进普遍不断增大。

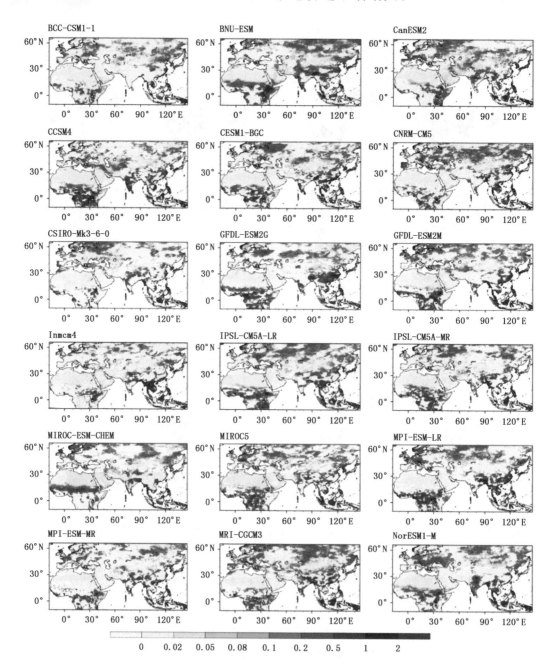

图 4.37　相对于历史基准时段(1986—2005 年),降尺度到 0.25°的各个耦合模式预估的
RCP4.5 情景下未来 20 a(2020—2039 年)"一带一路"主要合作区最干年份
降水量变化空间分布(单位:mm/d)

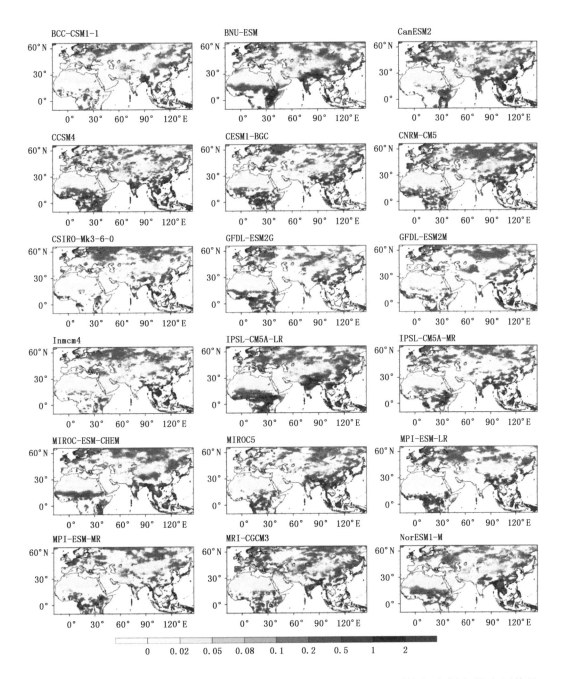

图 4.38 相对于历史基准时段(1986—2005 年),降尺度到 0.25°的各个耦合模式预估的

RCP4.5 情景下 21 世纪中叶(2040—2059 年)"一带一路"主要合作区最干年份

降水量变化空间分布(单位:mm/d)

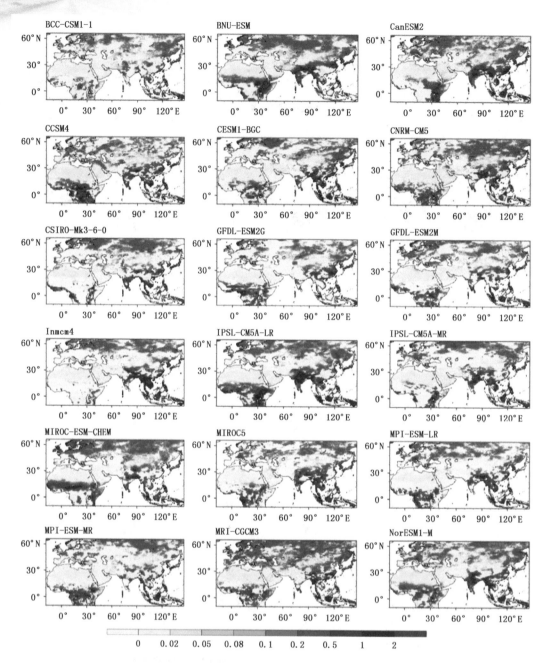

图 4.39 相对于历史基准时段(1986—2005 年),降尺度到 0.25°的各个耦合模式预估的
RCP4.5 情景下 21 世纪末(2080—2099 年)"一带一路"主要合作区最干年份
降水量变化的空间分布(单位:mm/d)

图 4.40~图 4.42 给出了在 RCP8.5 情景下,各个耦合模式预估的"一带一路"主要合作区最干年份降水量未来 20 a、21 世纪中叶与 21 世纪末空间变化分布。综合 RCP8.5 和 RCP4.5 情景下三个未来时段的预估结果表明,相同模式预

估的最干年份降水量空间变化格局比较相似;相同未来时段,RCP8.5 情景下的变化幅度更大。两种排放情景下的未来三个时段,最干年份降水量变化模式间差异性大,表明全球耦合模式预估的未来最干年份降水量变化的不确定性较高。

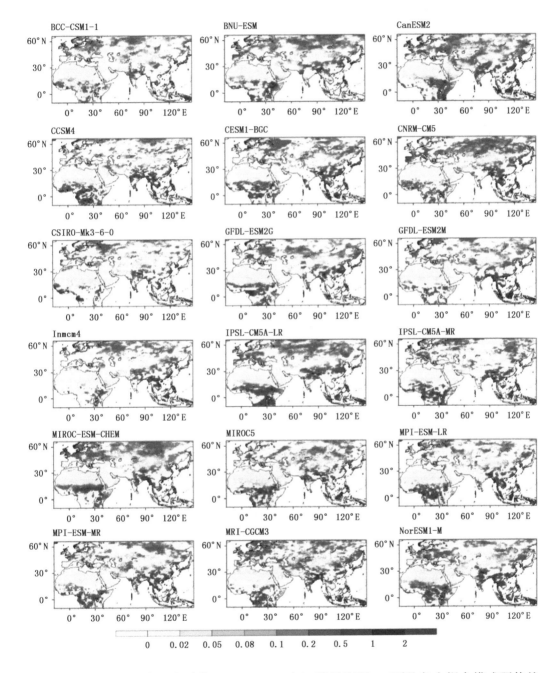

图 4.40 相对于历史基准时段(1986—2005 年),降尺度到 0.25°的各个耦合模式预估的
RCP8.5 情景下未来 20 a(2020—2039 年)"一带一路"主要合作区最干年份
降水量变化的空间分布(单位:mm/d)

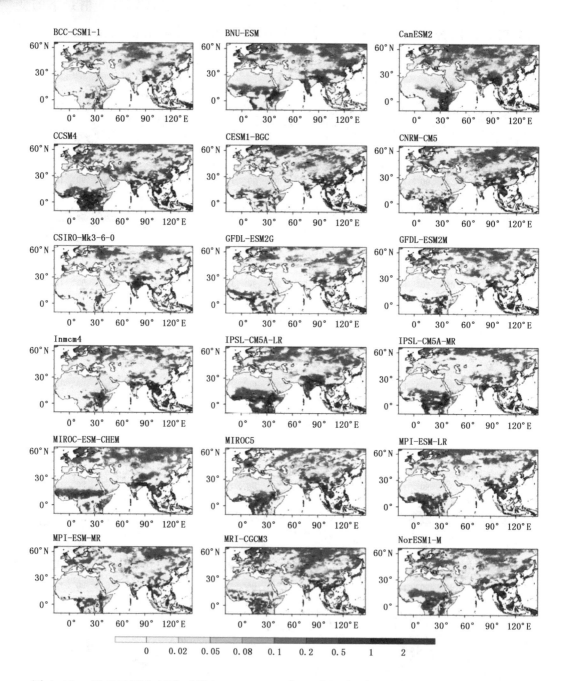

图 4.41　相对于历史基准时段(1986—2005 年),降尺度到 0.25°的各个耦合模式预估的
RCP8.5 情景下 21 世纪中叶(2040—2059 年)"一带一路"主要合作区最干年份
降水量变化的空间分布(单位:mm/d)

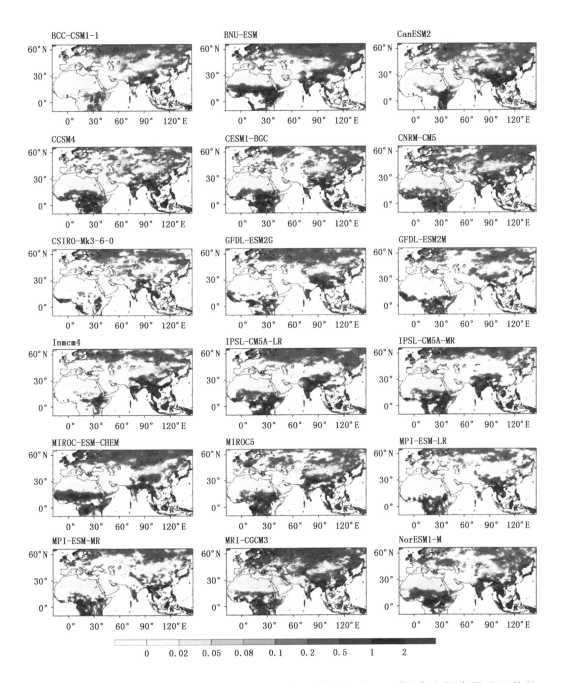

图 4.42 相对于历史基准时段(1986—2005 年),降尺度到 0.25°的各个耦合模式预估的
RCP8.5 情景下 21 世纪末(2080—2099 年)"一带一路"主要合作区最干年份
降水量变化的空间分布(单位:mm/d)

从"一带一路"主要合作区空间平均值结果来看,RCP4.5 和 RCP8.5 情景下,多耦合模式预估的最干年份降水量未来 20 a、21 世纪中叶和 21 世纪末均表现为一致的增加(图 4.43)。未来 20 a,空间平均的最干年份降水量在 RCP4.5 与 RCP8.5 情景下均大约上升 0.04 mm/d;到 21 世纪中叶,分别升高 0.07 mm/d 和 0.08 mm/d;到 21 世纪末,分别增加 0.10 mm/d 和 0.17 mm/d。以上所有的数值变化均通过了 95% 的信度 t 检验。在 RCP4.5 情景下,"一带一路"主要合作区最干年份降水量空间平均值未来 20 a、21 世纪中叶和 21 世纪末模式间标准差分别为 0.03 mm/d、0.03 mm/d 和 0.04 mm/d;在 RCP8.5 情景下,分别为 0.03 mm/d、0.03 mm/d 和 0.06 mm/d。

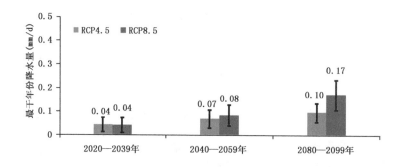

图 4.43　RCP4.5 与 RCP8.5 情景下,降尺度到 0.25°的 18 个耦合模式集合预估的
"一带一路"主要合作区最干年份降水量空间平均值未来 20 a(2020—2039 年)、
21 世纪中叶(2040—2059 年)和 21 世纪末(2080—2099 年)的变化（单位:mm/d)
(未来变化为相对于历史基准期(1986—2005 年)差异,全部数值均通过 95% 信度水平,
误差条范围为正负模式间标准差)

图 4.44 给出了 RCP4.5 和 RCP8.5 情景下,单个模式预估的"一带一路"主要合作区空间平均的最干年份降水量未来 20 a、21 世纪中叶和 21 世纪末变化。可以看出,18 个模式间的差异较大。BNU-ESM、IPSL-CM5A-LR、MRI-CGCM3等模式预估的最干年份降水量变化明显比多耦合模式平均结果大,而 BCC-CSM1-1、CSIRO-Mk3-6-0、Inmcm4,MPI-ESM-MR 等模式预估的变化则小。

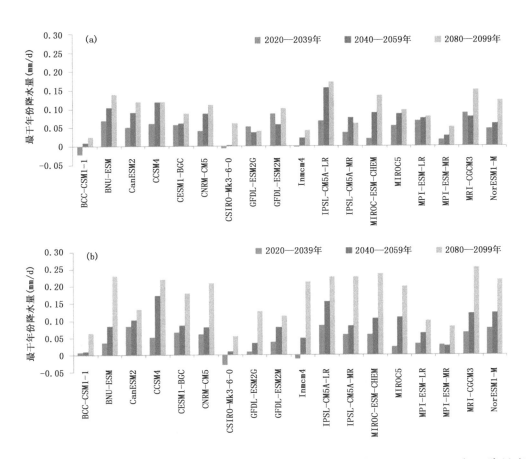

图 4.44　(a)RCP4.5 和(b)RCP8.5 情景下,相对于历史基准时段(1986—2005 年),降尺度
到 0.25°的 18 个耦合模式预估的"一带一路"主要合作区空间平均的最干年份
降水量未来 20 a(2020—2039 年)、21 世纪中叶(2040—2059 年)和
21 世纪末(2080—2099 年)的变化(单位:mm/d)

## 4.3.3　最湿年份降水量

图 4.45 给出了 RCP4.5 和 RCP8.5 情景下,多耦合模式预估的"一带一路"主
要合作区最湿年份降水量未来 20 a、21 世纪中叶和 21 世纪末空间变化分布。在
两种排放情景下的未来三个时段,"一带一路"主要合作区最湿年份降水量变化的
空间分布较为一致,主要以增多为主。最湿年份降水量增加关键区主要出现在赤
道附近非洲、西欧东北部至北亚、东亚季风区、青藏高原、南亚、东南亚。同时,在
地中海地区、环黑海地区等一些区域出现了下降。相同未来时段,"一带一路"主
要合作区最湿年份降水量在 RCP8.5 情景下变化幅度总体上均大于 RCP4.5 情景
下变化幅度;相同排放情景下,变化幅度随未来时段向前推进而不断增大。

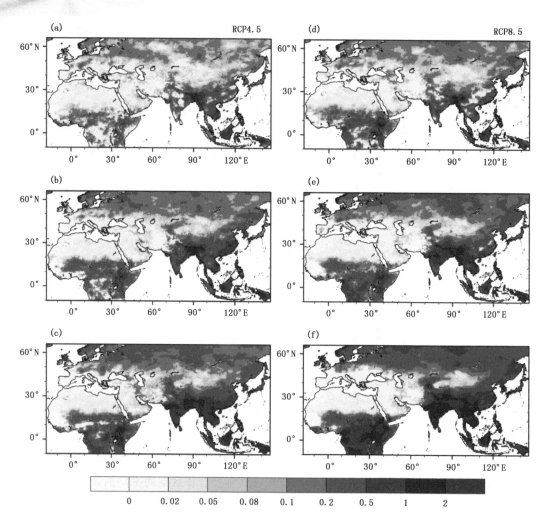

图 4.45　相对于历史基准时段(1986—2005 年),降尺度到 0.25°的 18 个耦合模式集合
预估的 RCP4.5(a～c)与 RCP8.5(d～f)情景下"一带一路"主要合作区最湿年份
降水量未来变化空间分布(单位:mm/d)

(a)、(d) 未来 20 a(2020—2039 年),(b)、(e) 21 世纪中叶(2040—2059 年),
(c)、(f) 21 世纪末(2080—2099 年)

　　图 4.46 显示,在 RCP4.5 与 RCP8.5 情景下的未来 20 a、21 世纪中叶与 21
世纪末多耦合模式预估的"一带一路"主要合作区最湿年份降水量变化在除撒哈
拉大沙漠、西亚南部、中亚南部等地区外普遍都通过了 95% 的信度 t 检验。预估
的最湿年份降水量模式间标准差在赤道附近非洲、南欧、青藏高原南部与南亚、东
南亚与东亚季风区普遍较大,在亚非干旱-半干旱区较小。

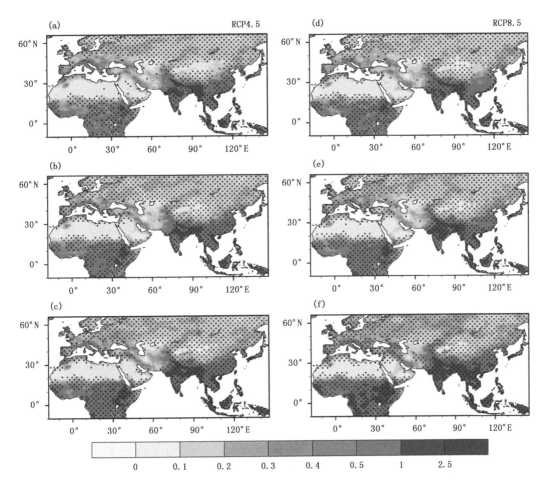

图 4.46 "一带一路"主要合作区最湿年份降水量 RCP4.5(a～c)与 RCP8.5(d～f)
情景下未来变化模式间不确定性及信度水平

(a)、(d) 未来 20 a(2020—2039 年),(b)、(e) 21 世纪中叶(2040—2059 年),

(c)、(f) 21 世纪末(2080—2099 年)

(显著性检验基于 18 个全球耦合模式 0.25°×0.25°高分辨率降尺度结果平均值,
打圆点区域(模式降尺度数据格点密集,圆点不与之对应)表示通过 95%信度水平,
不确定性为 18 个模式降尺度预估结果的 1 个标准差,单位:mm/d)

图 4.47～图 4.49 给出了在 RCP4.5 情景下 18 个耦合模式预估的"一带一路"
最湿年份降水量未来 20 a、21 世纪中叶与 21 世纪末空间变化分布。各个模式预估
的最湿年份降水量未来变化的空间分布特征与多耦合模式平均结果具有不同程度
的相似性,同时,各模式预估结果之间差异性较为明显。普遍而言,各个模式预估的
最湿年份降水量变化在 RCP4.5 情景下随着未来时段向前推进而不断增大。

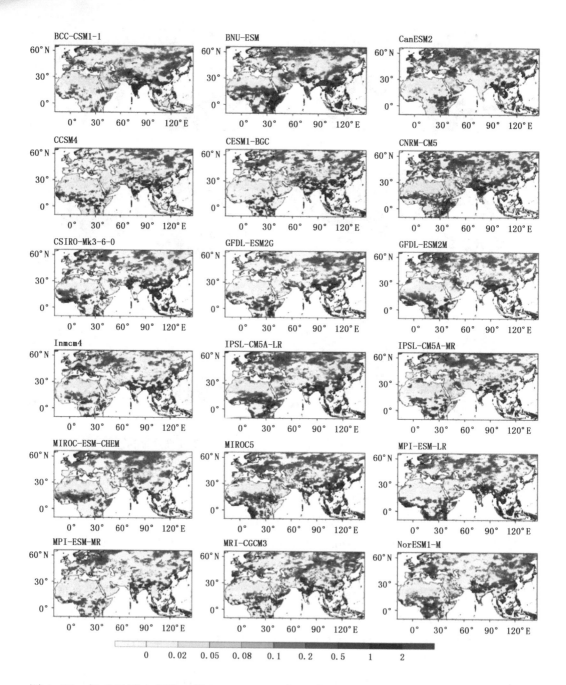

图 4.47　相对于历史基准时段(1986—2005 年),降尺度到 0.25°的各个耦合模式预估的

RCP4.5 情景下未来 20 a(2020—2039 年)"一带一路"主要合作区最湿年份

降水量变化空间分布(单位:mm/d)

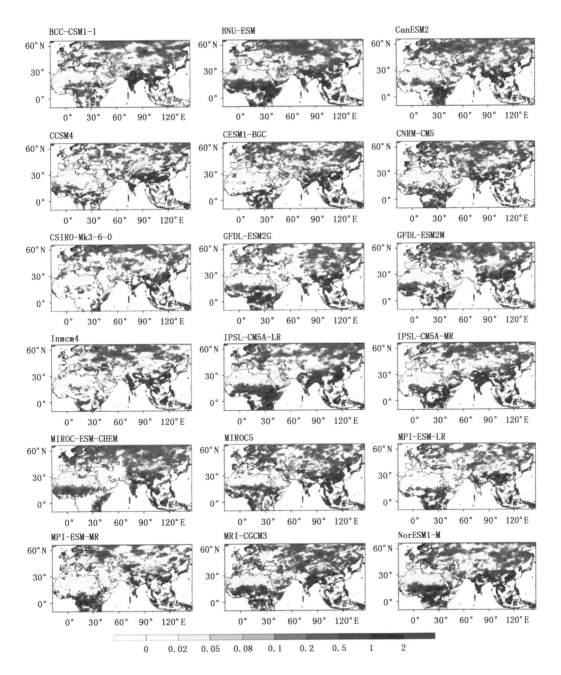

图 4.48 相对于历史基准时段(1986—2005 年),降尺度到 0.25°的各个耦合模式预估的 RCP4.5 情景下 21 世纪中叶(2040—2059 年)"一带一路"主要合作区最湿年份 降水量变化空间分布(单位:mm/d)

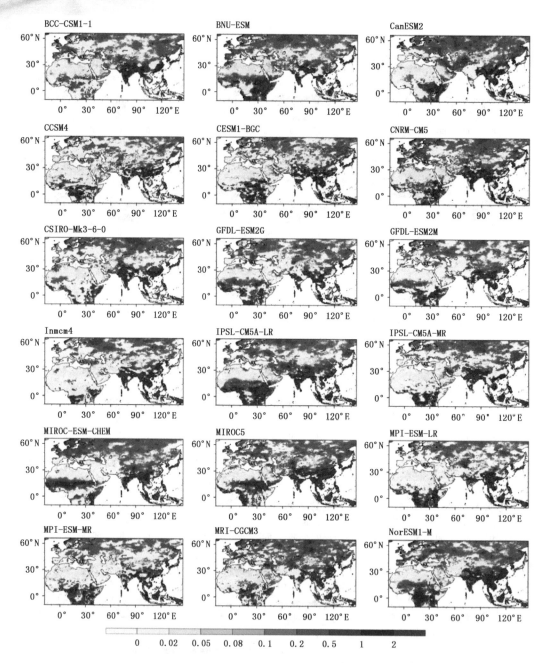

图 4.49　相对于历史基准时段(1986—2005 年),降尺度到 0.25°的各个耦合模式预估的

RCP4.5 情景下 21 世纪末(2080—2099 年)"一带一路"主要合作区最湿年份

降水量变化的空间分布(单位:mm/d)

　　比较图 4.47～图 4.49 和图 4.50～图 4.52 可以看出,RCP4.5 与 RCP8.5 情
景下的三个未来时段,相同耦合模式预估的"一带一路"主要合作区最湿年份降水
量变化的空间结构相似,但各模式间差异比较明显。相同时段,RCP8.5 情景下的

各个模式预估的最湿年份降水量变化幅度普遍大于 RCP4.5 情景下的变化幅度；相同情景下,各个模式预估的变化幅度随未来时段推进而增大。普遍而言,最湿年份降水量增加关键区在各个模式预估结果中都有不同程度的显现。

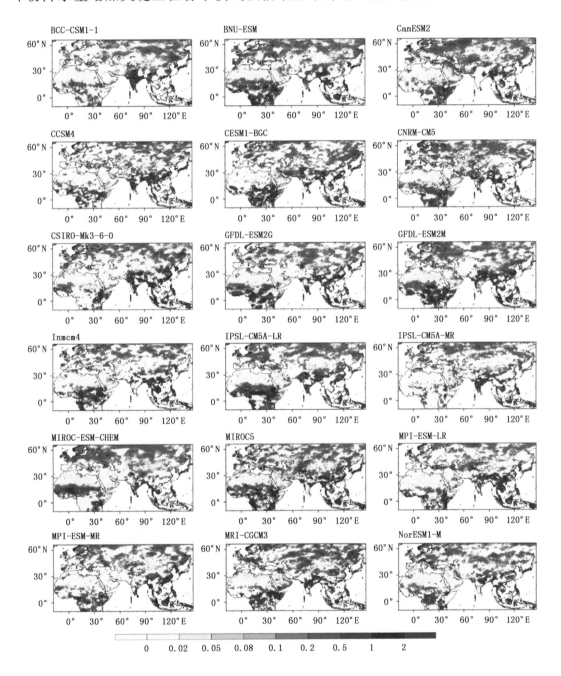

图 4.50 相对于历史基准时段(1986—2005 年),降尺度到 0.25°的各个耦合模式预估的
RCP8.5 情景下未来 20 a(2020—2039 年)"一带一路"主要合作区最湿年份
降水量变化的空间分布(单位:mm/d)

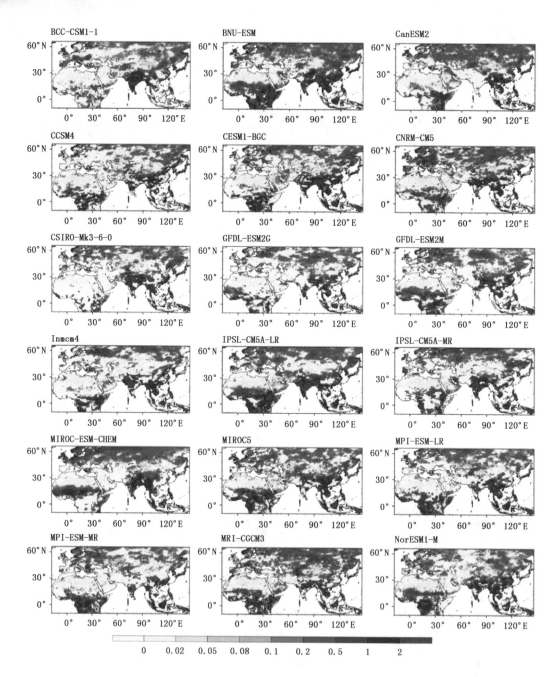

图 4.51　相对于历史基准时段(1986—2005 年),降尺度到 0.25°的各个耦合模式预估的
RCP8.5 情景下 21 世纪中叶(2040—2059 年)"一带一路"主要合作区最湿年份
降水量变化的空间分布(单位:mm/d)

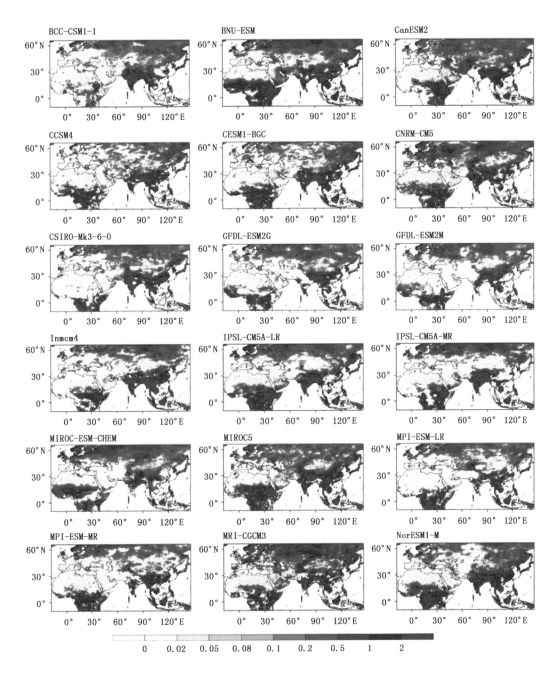

图 4.52　相对于历史基准时段(1986—2005 年),降尺度到 0.25°的各个耦合模式预估的

RCP8.5 情景下 21 世纪末(2080—2099 年)"一带一路"主要合作区最湿年份

降水量变化的空间分布(单位:mm/d)

图 4.53 显示,多耦合模式预估的"一带一路"主要合作区最湿年份降水量空间平均值在 RCP4.5 和 RCP8.5 情景下的未来 20 a、21 世纪中叶和 21 世纪末均表现为增强。RCP4.5 情景下,"一带一路"主要合作区最湿年份降水量空间平均值分别增强 0.10 mm/d、0.17 mm/d 和 0.26 mm/d;RCP8.5 情景下,分别增强 0.14 mm/d、0.22 mm/d 和 0.44 mm/d。这些变化均通过了 95%信度 $t$ 检验,模式间不确定性较高。

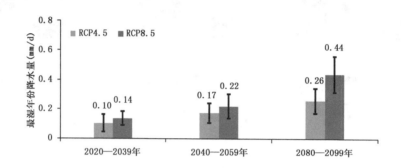

图 4.53　RCP4.5 与 RCP8.5 情景下,降尺度到 0.25°的 18 个耦合模式集合预估的"一带一路"

主要合作区最湿年份降水量空间平均值未来 20 a(2020—2039 年)、

21 世纪中叶(2040—2059 年)和 21 世纪末(2080—2099 年)的变化 (单位:mm/d)

(未来变化为相对于历史基准期(1986—2005 年)差异,全部数值均通过 95%信度水平,

误差条范围为正负模式间标准差)

图 4.54 给出了 RCP4.5 和 RCP8.5 情景下,单个耦合模式预估的"一带一路"主要合作区空间平均的最湿年份降水量未来 20 a、21 世纪中叶和 21 世纪末的变化。在两种排放情景下的未来三个时段,所有模式预估的"一带一路"主要合作区

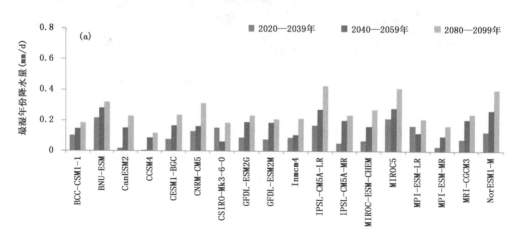

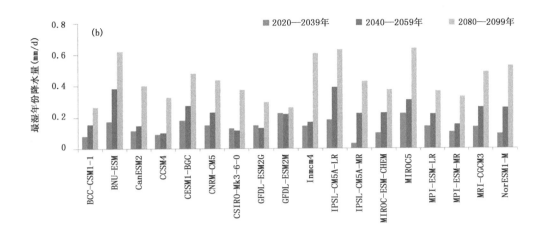

图 4.54　(a)RCP4.5 和(b)RCP8.5 情景下,相对于历史时段(1986—2005 年),降尺度到

0.25°的 18 个耦合模式预估的"一带一路"主要合作区空间平均的最湿年份

降水量未来 20 a(2020—2039 年)、21 世纪中叶(2040—2059 年)和

21 世纪末(2080—2099 年)的变化(单位:mm/d)

最湿年份降水量空间平均值的变化均表现为一致性增加。其中,BUN-ESM、IP-SL-CM5A-LR、MPIROC5 等模式预估的变化幅度比多模式平均值明显偏高;而BCC-CSM1-1、CCSM4、MPI-ESM-MR 等模式预估变化明显偏低。

# 4.4　小　结

相对于历史时段,多耦合模式预估的"一带一路"主要合作区在 RCP4.5 和RCP8.5 两种情景下未来 20 a、21 世纪中叶和 21 世纪末干天天数变化的空间结构相似,但具有非常明显的地区差异。未来干天天数增多关键区主要出现在地中海地区、中欧、黑海经里海至帕米尔高原以西区域、赤道附近非洲的西部、中国东南部、马来群岛西部,而未来减少关键区则位于欧洲东北部地区至北亚、青藏高原、非洲之角及附近(95%信度水平)。在 RCP4.5 和 RCP8.5 两种情景下,多耦合模式预估的"一带一路"主要合作区空间平均的干天天数未来 20 a 分别显著减少0.50 d 和 0.41 d;至 21 世纪中叶,减少值分别为 0.78 d 和 0.49 d;到 21 世纪末,干天天数减少值分别为 1.31 d 和 0.84 d。

相对于历史时段,多耦合模式预估"一带一路"主要合作区域未来 20 a、21 世纪中叶和 21 世纪末中等及以上降水天数在 RCP4.5 和 RCP8.5 两种情景下,除了地中海地区及其他一些地区以外普遍表现为增多。未来中等及以上降水天数增加关键区出现在除西北端以外的赤道附近非洲、南亚湿润区、青藏高原、东南亚、东亚季风区的不少地区、欧洲北部至北亚西部地区。在 RCP4.5 情景下,"一带一路"主要合作区中等及以上降水天数空间平均值在未来 20 a、21 世纪中叶与 21 世纪末分别增多 0.80 d、1.24 d 和 1.83 d;在 RCP8.5 情景下,未来三个时段增加幅度分别为 0.84 d、1.56 d 和 3.11 d。这些变化值均通过了 95％信度 $t$ 检验,但是模式间的不确定性较大。

相对于历史时段,在 RCP4.5 和 RCP8.5 两种情景下,多耦合模式预估"一带一路"主要合作区未来 20 a、21 世纪中叶和 21 世纪末的强降水天数主要以增多为主,少部分区域呈现出弱的减少。强降水天数增多关键区位于刚果盆地及周边、南亚湿润区、青藏高原南部、东南亚、东亚季风区部分地区、欧洲北部一些地区。在 RCP4.5 情景下,预计未来 20 a、21 世纪中叶和 21 世纪末三个时段"一带一路"主要合作区空间平均的强降水天数分别增多 0.49 d、0.75 d 和 1.08 d;在 RCP8.5 情景下,则分别增加 0.53 d、0.98 d 和 2.01 d(95％信度水平)。

相对于历史时段,多耦合模式预估"一带一路"主要合作区未来 20 a、21 世纪中叶和 21 世纪末在 RCP4.5 和 RCP8.5 两种情景下最强 5 d 平均降水量绝大部分区域表现为增强。明显增多关键区位于东亚季风区、贝加尔湖至东北亚、东南亚、青藏高原及南亚湿润区、赤道附近非洲、西欧、环黑海地区。在 RCP4.5 情景下,一带一路"主要合作区空间平均的最强 5 d 平均降水量未来 20 a、21 世纪中叶与 21 世纪末分别增强 6.17 mm/d、6.86 mm/d 和 7.59 mm/d;在 RCP8.5 情景下,分别上升 6.37 mm/d、7.52 mm/d 和 10.24 mm/d。这些变化均通过了 95％信度 $t$ 检验,且模式间的不确定性相对不高。

相对于历史时段,在 RCP4.5 和 RCP8.5 两种情景下,多耦合模式预估的未来 20 a、21 世纪中叶和 21 世纪末"一带一路"主要合作区最干年份降水量增加关键区出现在赤道附近非洲不少地区、欧洲东北部至北亚、东亚季风区一些区域、东南亚、青藏高原与南亚湿润区。同时,在地中海地区、环黑海地区以及其他一些区域则出现减少。在 RCP4.5 情景下,"一带一路"主要合作区最干年份降水量空间平均值未来 20 a、21 世纪中叶和 21 世纪末分别增加 0.04 mm/d、0.07 mm/d 和 0.10 mm/d;在 RCP8.5 情景下,增加值分别为 0.04 mm/d、0.08 mm/d 和 0.17 mm/d。这些数值均通过了 95％信度 $t$ 检验,但模式间不确定性高。

相对于历史时段,在 RCP4.5 和 RCP8.5 两种情景下,多耦合模式预估"一带一路"主要合作区最湿年份降水量未来 20 a、21 世纪中叶与 21 世纪末增加关键区主要位于赤道附近非洲、西欧东北部至北亚、东亚季风区、青藏高原、南亚、东南亚。同时,在地中海地区、环黑海地区等一些区域出现下降。在 RCP4.5 和 RCP8.5 的排放情景下,"一带一路"主要合作区最湿年份降水量空间平均值在未来 20 a 分别上升 0.10 mm/d 和 0.14 mm/d;至 21 世纪中叶,分别升高 0.17 mm/d 和 0.22 mm/d;到 21 世纪末,分别升高 0.26 mm/d 和 0.44 mm/d。这些变化值都通过了 95% 信度 t 检验,模式间不确定性较高。

总体而言,"一带一路"主要合作区在中等及高排放情景下多耦合模式预估的未来降水表征极端天气气候频率与强度变化的空间差异普遍非常明显,模式间不确定性比温度表征极端事件变化更大。预计未来,"一带一路"主要合作区面临的水旱灾害风险加剧。

# 第 5 章

# "一带一路"合作项目所在地气候变化、影响及应对策略——以瓜达尔港为例

# 5.1 引 言

在共建"一带一路"各方合力推动下,目前已经形成了"六廊六路多国多港"互联互通基本架构,大批合作项目已进入建设、运营与实施阶段,务实合作成果不断落地生根。中巴经济走廊是"一带一路"合作框架下六大经济走廊的重要组成部分,作为全天候合作伙伴,中国与巴基斯坦两国已确定实施以能源合作、交通基础设施建设、瓜达尔港以及产业园区为重点的双方合作布局,并取得了诸多实实在在的成果。目前,在瓜达尔港项目建设与运营过程中已开启了有更多国家参与的三方合作。瓜达尔港建设在社会经济发展、能源安全保障、基础设施互联互通等方面对中巴两国都具有非常重要的意义。

瓜达尔港开通将缩短中国到达非洲、欧洲的海运距离,有力促进新疆等西部地区的对外开放水平,加大同西亚、非洲等地的贸易往来。瓜达尔港建设是中巴两国长期持久合作布局的重点之一,后续自贸区发展将有许多配套基础设施,这为中国企业"走出去"提供了良好机遇。对巴方来说,瓜达尔港建设有利于减少与消除贫穷、促进当地及国家经济发展。整体来说,巴基斯坦基础设施相对落后,瓜达尔港开通和建设可以使中国的资金和技术走进巴基斯坦,进行港口、铁路、公路、能源项目等建设,将有力推动巴基斯坦的经济发展与民生改善。港口的全面运营和自贸区的逐步完善能够吸引更多资金与技术,促进中巴双方以及更多国家参与的三方合作,共同推动经贸发展。此外,瓜达尔港有助于加强巴基斯坦与亚欧非地区的联系,提高其国际影响力。

中巴瓜达尔港合作有序推进,并不断取得进展。2016 年 9 月,瓜达尔港自由区正式启动。2018 年 1 月底,瓜达尔港自由贸易区举行开园仪式,正式投入运营,已经吸引银行、金融、物流等众多企业入驻。瓜达尔港自由贸易区将建设成为具备交通运输、水电通信、商贸仓储等功能齐全的现代化园区,进而推动产业发展、民生改善与国际交流合作。

许多项目已在瓜达尔港落地生根,新国际机场项目是中国对巴基斯坦最大的援建项目,建成之后将有效解决瓜达尔港地区空中交通瓶颈,为促进该地区经济发展注入强大动力。项目高标准设计,将采用模块化、可扩展的现代建设模式,为机场适应未来瓜达尔港地区发展需求打下良好基础。同时,瓜达尔港东湾快速路项目由中方通过提供无息贷款进行援建,建成之后将成为瓜达尔港区对外交通的关键道路,有力改善陆上交通基础设施。此外,在瓜达尔港区内,港务局商业综合体的建设工作进展顺利,水手中心、集装箱货运站、购物中心、海上维修工作坊、大型仓库与冷冻库等都已建设完成。在瓜达尔港区,学校、医院、职业培训中心等民生项目不断落成。

本章将基于 NOAA 提供的平均温度与降水观测资料、来自欧洲航天局(European Space Agency,ESA)的海平面高度遥感数据、CPC 观测逐日格点资料等多源数据,以瓜达尔港为例开展"一带一路"合作项目所在地气候变化与极端事件特征、未来预估与影响研究。进一步建立在科学研究基础上,提出应对气候影响与灾害的策略,为瓜达尔港项目顺利实施提供防范与管理气候变化风险的科学参考依据。

## 5.2　近几十年瓜达尔港平均气候变化特征

图 5.1 显示,1989—2018 年的近 30 a 瓜达尔港年平均温度呈现上升趋势,变暖速率为 0.40℃/10 a(99％信度水平)。1989—2018 年瓜达尔港年平均降水普遍很小,趋势变化表现为弱的减少趋势,下降速率为－0.02 mm/(d•10 a)(图 5.2)。近 30 a 温度快速升高,将促进地表蒸散的增大,同时降水有弱的变少趋势,表明瓜达尔港干旱呈现加剧态势,面临更严峻的水资源短缺问题。

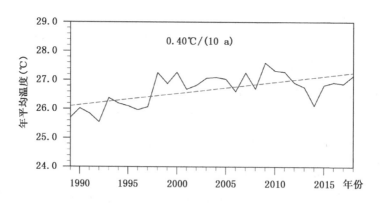

图 5.1　1989—2018 年瓜达尔港 GHCN_CAMS 观测的年平均温度
时间变化及线性趋势(单位:℃)

在全球暖化背景下,海平面不断上升,对沿海地区造成越来越严重的影响。1993—2015 年遥感观测的瓜达尔港海平面高度呈现不断上升趋势,升高速率为 3.57 cm/(10 a),通过了 99％信度水平(图 5.3)。未来几十年,预计瓜达尔港附近海域的海平面将继续上升,对瓜达尔港项目实施与运营造成潜在的严峻风险。

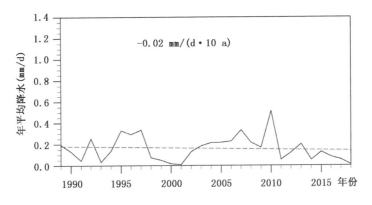

图 5.2　1989—2018 年瓜达尔港年平均降水时间变化及
线性趋势(单位:mm/d)

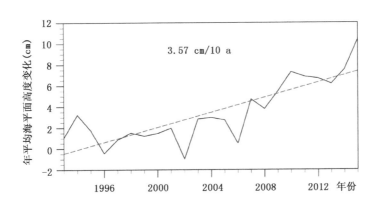

图 5.3　1993—2015 年瓜达尔港海平面高度时间变化及其线性趋势
(瓜达尔港海平面区域范围定义为位于(24.11°—26.11°N,61.34°—63.34°E)海域部分)

## 5.3　近几十年瓜达尔港极端天气气候变化特征

由于地处低纬度热带地区,极端低温事件在瓜达尔港地区出现很少,甚至有些年份不会出现,因此,面临的低温灾害风险很低。接下来主要分析极端高温频率与强度指数变化特征与趋势。图 5.4 和图 5.5 显示,1989—2018 年瓜达尔港高温日数和高温夜数均呈现出明显的上升趋势,增加速率分别为 25.32 d/10 a(99%信度水平)和 4.57 d/10 a。其中,近 30 a 瓜达尔港的高温日数增长率远高于 1988—2017 年"一带一路"主要合作区空间平均的高温日数的增长率(3.78 d/10 a)(张井勇等,2018)。从图 5.6 可以看出,表征极端高温强度的最热 30 d 日最高温度平均指数近 30 a 在瓜达尔港地区显著增加,升温率为 0.24 ℃/10 a(99%信度水平)。

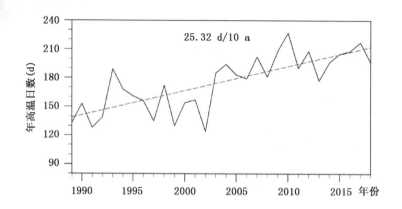

图 5.4　1989—2018 年瓜达尔港年高温日数时间变化及线性趋势

（高温日数基于 CPC 日最高温度逐日数据计算获得）

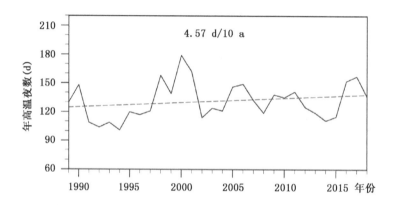

图 5.5　1989—2018 年瓜达尔港年高温夜数时间变化及线性趋势

（高温夜数基于 CPC 日最低温度逐日数据计算获得）

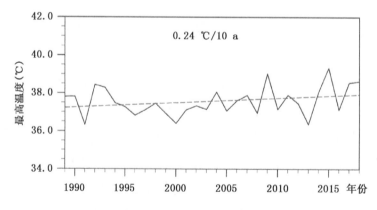

图 5.6　1989—2018 年瓜达尔港最热 30 d 日最高温度平均时间变化及线性趋势

（最热 30 d 日最高温度平均基于 CPC 日最高温度逐日数据计算获得）

综合而言,瓜达尔港近 30 a 极端高温频率快速增加,强度呈现增大,将面临的极端高温灾害风险程度不断增强。

1989—2018 年瓜达尔港干天天数表现为增多趋势,增加速率为 1.19 d/10 a (图 5.7)。对于位于干旱/半干旱地区的瓜达尔港而言,中等及以上降水和强降水发生的概率较小,相对应的中等及以上降水天数也较小,但表现为弱的下降趋势(图略)。图 5.8 显示,1989—2018 年最强 5 d 平均降水量为下降趋势,减少速率为 0.09 mm/(d·10 a)。综合温度与降水分析,瓜达尔港面临不断增加的干旱灾害风险,水资源短缺问题不断加重。

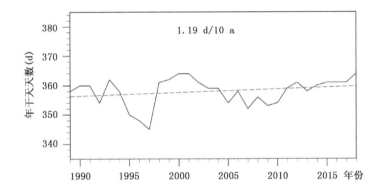

图 5.7 1989—2018 年瓜达尔港干天天数时间变化及线性趋势

(干天天数基于 CPC 逐日降水数据计算获得)

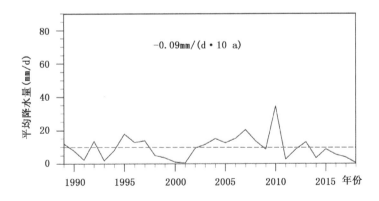

图 5.8 1989—2018 年瓜达尔港最强 5 d 平均降水量时间变化及线性趋势

(最强 5 d 平均降水量基于 CPC 逐日降水数据计算获得)

## 5.4 瓜达尔港气候变化与极端天气气候历史阶段多模式降尺度结果评估

### 5.4.1 瓜达尔港气候变化历史时段多模式降尺度结果评估

图 5.9 表明,多耦合模式集合模拟的历史时段(1986—2005 年)瓜达尔港年平均温度与 CPC 观测结果具有高一致性:观测和多模式平均值分别为 26.38℃与 25.88℃,模拟偏差为 0.50℃。同时,18 个模式间模拟的瓜达尔港年平均温度差异很小。

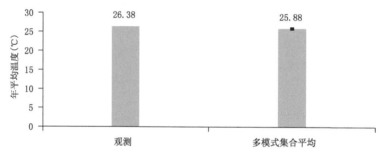

图 5.9 1986—2005 年瓜达尔港年平均温度值 CPC 观测与多模式集合平均
(多耦合模式平均值基于 18 个全球气候/地球系统模式 0.25°×0.25°高分辨率降尺度结果获得,误差条表示 18 个模式最低与最高模拟值范围)

瓜达尔港气候干旱,水资源缺乏。CPC 观测的 1986—2005 年年均降水率为 0.24 mm/d,多耦合模式集合模拟值为 0.38 mm/d,观测与多模式平均值相差为 0.14 mm/d(图 5.10)。同时,18 个耦合模式间年均降水模拟值具有差异,相对不确定性比温度要高。

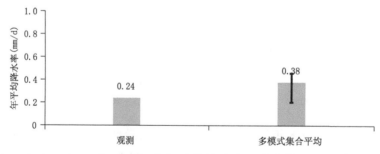

图 5.10 1986—2005 年瓜达尔港年平均降水率 CPC 观测与多模式集合平均
(多耦合模式平均值基于 18 个全球气候/地球系统模式 0.25°×0.25°高分辨率降尺度结果获得,误差条表示 18 个模式最低与最高模拟值范围)

## 5.4.2 瓜达尔港极端天气气候历史阶段多耦合模式降尺度结果评估

瓜达尔港处于低纬度热带地区,且降水量小,高温酷热天气发生频率高。图 5.11给出了历史时段(1986—2005 年)瓜达尔港 CPC 观测和多耦合模式集合模拟的高温日数值。结果表明,历史时段瓜达尔港多模式平均值与 CPC 观测值接近,分别为 155.09 d 与 156.45 d。18 个模式间高温日数模拟值差异较小,表明模式间不确定性较低。图 5.12 表明,CPC 观测与多耦合模式平均的历史时段高温夜数分别为 128.45d 与 103.23 d,模拟值偏低较大。

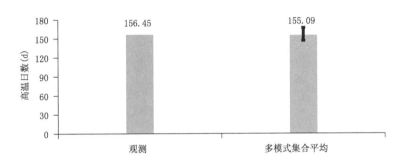

图 5.11 1986—2005 年瓜达尔港高温日数 CPC 观测与多模式集合平均

(多耦合模式平均值基于 18 个全球气候/地球系统模式 0.25°×0.25°高分辨率降尺度结果获得,误差条表示 18 个模式最低与最高模拟值范围)

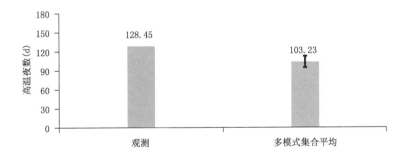

图 5.12 1986—2005 年瓜达尔港高温夜数 CPC 观测与多模式集合平均

(多耦合模式平均值基于 18 个全球气候/地球系统模式 0.25°×0.25°高分辨率降尺度结果获得,误差条表示 18 个模式最低与最高模拟值范围)

瓜达尔港不仅极端高温频率多,而且强度大。图 5.13 显示,CPC 观测和多耦合模式平均的历史时段最热 30 d 日最高温度平均值比较接近,两者分别为 37.44℃和 35.67℃。18 个耦合模式间差异小,不确定性低。

图 5.14 比较了 CPC 观测和多耦合模式平均的瓜达尔港历史时段干天天数。由图看出,观测与多模式平均值均很高,分别为 357.50 d 与 343.56 d,模拟偏差相对不高。同时,模式间的不确定性较低。

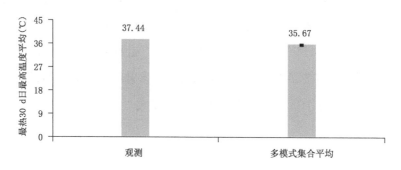

图 5.13　1986—2005 年瓜达尔港最热 30 d 日最高温度平均:CPC 观测与多模式集合平均
（多耦合模式平均值基于 18 个全球气候/地球系统模式 0.25°×0.25°高分辨率
降尺度结果获得,误差条表示 18 个模式最低与最高模拟值范围）

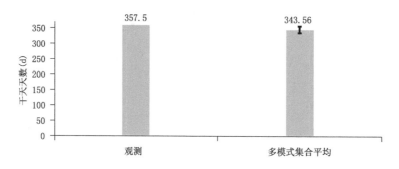

图 5.14　1986—2005 年瓜达尔港干天天数:CPC 观测与多模式集合平均
（多耦合模式平均值基于 18 个全球气候/地球系统模式 0.25°×0.25°高分辨率
降尺度结果获得,误差条表示 18 个模式最低与最高模拟值范围）

图 5.15 显示,历史时段 CPC 观测的中等及以上降水天数为 1.75 d,多耦合模式平均值为 3.14 d,模拟偏差为 1.39 d。观测与模拟一致表明瓜达尔港发生中等及以上降水频率很低,18 个模式模拟值具有一定的差异。

历史时段,CPC 观测与多耦合模式模拟的瓜达尔港最强 5 d 平均降水分别为 10.19 mm/d 与 14.89 mm/d,模式偏差为 4.70 mm/d(图 5.16)。同时,观测与模拟一致表明,瓜达尔港历史时段极端降水强度低,每年发生 10 mm/d 以上降水的天数一般很少。

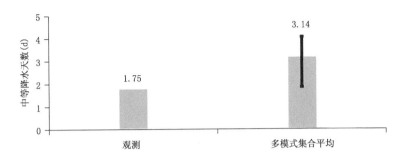

图 5.15　1986—2005 年瓜达尔港中等及以上降水天数:CPC 观测与多模式集合平均
（多耦合模式平均值基于 18 个全球气候/地球系统模式 0.25°×0.25°高分辨率
降尺度结果获得,误差条表示 18 个模式最低与最高模拟值范围）

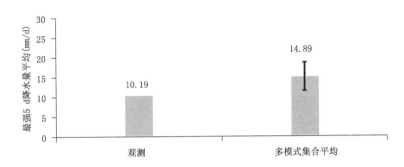

图 5.16　1986—2005 年瓜达尔港最强 5 d 平均降水:CPC 观测与多模式集合平均
（多耦合模式平均值基于 18 个全球气候/地球系统模式 0.25°×0.25°高分辨率
降尺度结果获得,误差条表示 18 个模式最低与最高模拟值范围）

## 5.5　瓜达尔港气候变化与极端天气气候未来预估

### 5.5.1　瓜达尔港气候变化未来预估

图 5.17 给出了 RCP4.5 和 RCP8.5 两种情景下,降尺度到 0.25°的 18 个耦合模式集合预估的未来 20 a、21 世纪中叶和 21 世纪末瓜达尔港年平均温度变化。在两种情景下的未来三个时段,瓜达尔港年均温度均表现为显著上升（超过 99%信度水平）。在 RCP4.5 情景下,瓜达尔港年均温度在未来 20 a、21 世纪中叶与 21 世纪末分别比历史时段(1986—2005 年)上升 0.86℃、1.37℃ 与 1.96℃。相比于 RCP4.5 情景,RCP8.5 情景下升温更强,分别为 1.07℃、1.86℃ 与 3.94℃。在 RCP4.5 情景下,瓜达尔港未来 20 a、21 世纪中叶和 21 世纪末年均温度变化的模

式间标准差分别为 0.25℃、0.33℃和 0.41℃；在 RCP8.5 情景下，分别为 0.28℃、0.44℃和 0.90℃。多耦合模式集合预估表明，两种情景下的三个未来时段，瓜达尔港年均降水变化均不显著且很弱，幅度为－0.003～0.013 mm/d。

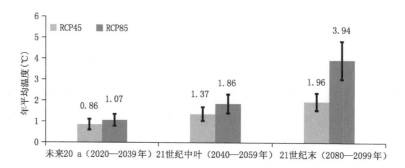

图 5.17　RCP4.5 和 RCP8.5 两种情景下，多耦合模式集合预估的瓜达尔港年平均温度未来 20 a(2020—2039 年)、21 世纪中叶(2040—2059 年)和
21 世纪末(2080—2099 年)的变化

(未来变化为相对于历史基准期(1986—2005 年)，多模式平均值基于 18 个全球气候/地球系统模式 0.25°×0.25°高分辨率降尺度结果计算获得。全部数值通过了 99%信度检验，误差条表示正负模式间标准差)

## 5.5.2　瓜达尔港极端天气气候预估

首先分析极端高温频率包括高温日数与高温夜数，相对于历史时段(1986—2005 年)的未来变化。图 5.18 表明，在两种排放情景下，多耦合模式预估的未来 20 a(2020—2039 年)、21 世纪中叶(2040—2059 年)和 21 世纪末(2080—2099 年)瓜达尔港高温日数均表现为显著上升(99%信度水平)。在 RCP4.5 与 RCP8.5 情景下，瓜达尔港高温日数在未来 20 a 比历史时段分别上升 32.85 d 与 37.81 d；到 21 世纪中叶，上升幅度分别为 49.08 d 与 62.03 d；至 21 世纪末，增幅更大，分别为 64.99 d 与 117.50 d。相对于高温日数上升幅度而言，模式间不确定性较低。

图 5.19 显示，在 RCP4.5 与 RCP8.5 情景下，多耦合模式集合预估的瓜达尔港高温夜数在未来三个时段均表现为显著增加(99%信度水平)。相同排放情景下，瓜达尔港高温夜数增幅从未来 20 a 到 21 世纪中叶推进至 21 世纪末不断快速升高；相同未来时段，高排放情景下的升幅更大。未来 20 a，瓜达尔港高温夜数在 RCP4.5 与 RCP8.5 情景下分别升高 26.34 d 与 33.46 d；到 21 世纪末，升幅分别为 56.45 d 与 99.88 d，是未来 20 a 升幅的 2～3 倍。相对于高温夜数升幅，模式间

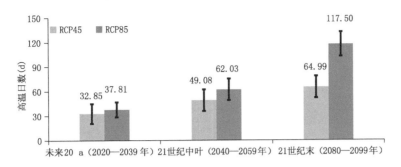

图 5.18　RCP4.5 和 RCP8.5 两种情景下,多耦合模式集合预估的瓜达尔港

高温日数未来 20 a(2020—2039 年)、21 世纪中叶(2040—2059 年)和

21 世纪末(2080—2099 年)的变化

(未来变化为相对于历史基准期(1986—2005 年),多模式平均值基于 18 个全球气候/地球

系统模式 0.25°×0.25°高分辨率降尺度结果计算获得。全部数值通过了 99%信度检验,

误差条表示正负模式间标准差)

不确定性较低。综合而言,在中等及高排放情景下,预计瓜达尔港未来极端高温频率将快速增加。

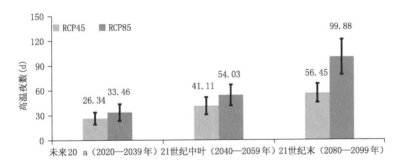

图 5.19　RCP4.5 和 RCP8.5 两种情景下,多耦合模式集合预估的瓜达尔港

高温夜数未来 20 a(2020—2039 年)、21 世纪中叶(2040—2059 年)和

21 世纪末(2080—2099 年)的变化

(未来变化为相对于历史基准期(1986—2005 年),多模式平均值基于 18 个全球气候/地球

系统模式 0.25°×0.25°高分辨率降尺度结果计算获得。全部数值通过了 99%信度检验,

误差条表示正负模式间标准差)

图 5.20 表明,两种排放情景下,瓜达尔港极端高温强度在未来三个时段越来越强。RCP4.5 情景下,瓜达尔港最热 30 d 日最高温度平均在未来 20 a、21 世纪中叶和 21 世纪末分别上升 1.03℃、1.57℃与 2.08℃;在 RCP8.5 情景下,升幅更大,分别为 1.26℃、2.06℃与 4.12℃。这些数值均通过了 99%信度 $t$ 检验,且模式

间不确定性相对较低。

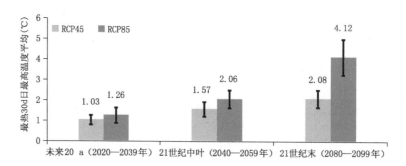

图 5.20　RCP4.5 和 RCP8.5 两种情景下,多耦合模式集合预估的瓜达尔港

最热 30 d 日最高温度平均未来 20 a(2020—2039 年)、21 世纪中叶(2040—2059 年)和

21 世纪末(2080—2099 年)的变化

(未来变化为相对于历史基准期(1986—2005 年),多模式平均值基于 18 个全球气候/地球

系统模式 0.25°×0.25°高分辨率降尺度结果计算获得。全部数值通过了 99%信度 t 检验,

误差条表示正负模式间标准差)

图 5.21 显示,RCP4.5 与 RCP8.5 两种情景下,多耦合模式预估的瓜达尔港干天天数在未来三个时段包括未来 20 a、21 世纪中叶与 21 世纪末普遍表现为增加。增加最大值出现在 RCP8.5 情景下的 21 世纪末,增幅为 1.72 d。整体而言,干天天数变化小,除 RCP8.5 情景下的 21 世纪末变化均未通过 95%信度 t 检验,模式间不确定性大。

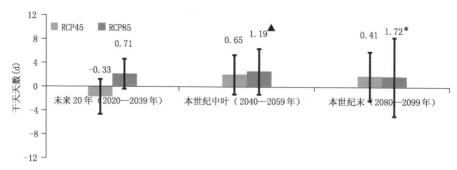

图 5.21　RCP4.5 和 RCP8.5 两种情景下,多耦合模式集合预估的瓜达尔港干天

天数未来 20 a(2020—2039 年)、21 世纪中叶(2040—2059 年)和

21 世纪末(2080—2099 年)的变化

(未来变化为相对于历史基准期(1986—2005 年),多模式平均值基于 18 个全球气候/地球

系统模式 0.25°×0.25°高分辨率降尺度结果计算获得。▲和 * 分别表示通过 90%和 95%

信度 t 检验,误差条表示正负模式间标准差)

进一步分析了相对于历史时段(1986—2005 年)多耦合模式集合预估的两种情景下未来三个时段瓜达尔港中等及以上降水天数与最强 5 d 平均降水量变化状况。结果表明,在 RCP4.5 与 RCP8.5 情景下,瓜达尔港中等及以上降水天数与最强 5 d 平均降水量在未来 3 个时段包括未来 20 a(2020—2039 年)、21 世纪中叶(2040—2059 年)与 21 世纪末(2080—2099 年)均变化小且不显著。在两种情景下,未来三个时段瓜达尔港中等及以上降水天数变化范围为－0.09～0.22 d,最强 5 d 平均降水均表现为弱的增大,增幅在 0.41～0.70 mm/d,模式间不确定性大。

## 5.6　瓜达尔港气候变化与极端天气气候影响及对策分析

### 5.6.1　气候变化与极端天气气候影响及风险

综合多源数据诊断与预估表明,当前及未来瓜达尔港极端高温频率趋多、强度趋重,干旱加剧、水资源短缺更明显,海平面不断上升。接下来对极端高温,干旱缺水与海平面上升的影响与风险以及应对策略进行分析。

极端高温能够造成中暑、呼吸与心血管疾病发病率升高、传染性疾病传播加快等损害人们的健康与生命;高温热浪使劳动效率降低,水电供应压力增大,进而影响人们的生产、生活;极端高温引起植物光合速率降低、加剧干旱与引发火灾、增加病虫害等,进而对农作物与生态系统产生严重影响;高温能够对基础设施、能源资源、交通运输、渔业等造成不同程度损害。

瓜达尔港经济发展较为落后,医疗卫生基础设施条件较差,医护人员专业资质有待提升,传染病发病率较高。瓜达尔港人们对极端高温的暴露度高、脆弱敏感,受其不利健康影响严重。随着瓜达尔港项目顺利推进,中国为该地区提供了相应的医疗援助,有力改善了当地的医疗与民生条件。

瓜达尔港的国际码头与机场、自由贸易区、东湾快速路、发电厂、加工厂等基础设施建设与运营将受到极端高温严重影响。极端高温天气发生时,户外施工人员作业及工程进度更缓慢甚至不得不暂停。极端高温对瓜达尔港能源与交通造成不利影响,例如,高温将降低发电厂冷却系统效率,并使沥青道路融化。同时,高温天气使瓜达尔港渔业生产与加工遭受损失。

除了极端高温,干旱与水资源短缺是瓜达尔港项目面临的另一个重要的气候灾害风险。干旱和水资源短缺造成淡水供应紧张,影响人们的生产、生活用水;干旱导致的粮食短缺,导致营养不良的患病率升高,人体免疫力也会相应下降。研究表明,干旱季节呼吸道疾病增加,某些传染病的爆发与干旱也存在关系。为了减缓瓜达尔港淡水资源缺乏,中方建设了海水淡化设施,不仅能满足港口内生产、生活的需要,而且解决与减缓了瓜达尔当地人们的吃水问题。此外,为了改善与治理瓜达尔港周围荒漠状况,建设人员现已开展园区绿色建设,但由于物资设备有限,高温干旱,绿植存活率低,生态环境改善面临不少困难。

不断升高的海平面造成沿海城市、港口洪涝灾害加剧、海岸工程被破坏、近海生态系统恶化、沿岸土地资源退化、粮食减产等不利影响,进而威胁沿海地区社会经济发展和食物安全。瓜达尔港工业化程度处于快速提高阶段,城市建设与工业污水排放强度较大,海平面上升将造成排污困难增大。瓜达尔港淡水资源缺乏,上升的海水沿地下含水层入侵将加重,造成地下水质恶化,滨海土地盐碱化加重,城市淡水供需矛盾加剧。海平面上升有可能加剧瓜达尔港海岸侵蚀,威胁护岸堤坝、海港、渔业等安全,并加剧海岸生态灾害风险。

## 5.6.2 气候变化与极端天气气候影响的对策分析

气候暖化背景下,瓜达尔港受到极端高温、干旱与水资源缺乏、海平面上升等不利影响越来越严重,应采取有效政策举措防范与降低相关灾害风险。减缓气候变化需要全球各方携手共同努力减少碳排放,瓜达尔港在能源、交通、基础设施建设等方面应考虑更多使用清洁能源。同时,瓜达尔港建设与运营过程中应通过国际合作筹集更多防灾、减灾资金,学习与借鉴成功应对经验,引进相关的先进技术,加强防范与适应能力建设,促进国际合作机制。

在瓜达尔港项目实施过程中,面对极端高温、干旱等灾害风险,应建立与加强预测、监测、预警系统,为提前防范与应对提供科学决策基础。提供对户外工作人员、弱势群体的关注与照顾,规划设计高温避灾场所。并在建设中考虑植绿增绿、自然通风等,形成良性的局部微气候环境。应建立民众防灾宣传教育机制,可利用媒体以及其他各种渠道向大众传播防范与应对高温灾害的科学知识。

瓜达尔港面临的水资源缺乏状况有不断加重趋势,可适当增加海水淡化规模,并根据产业结构和经济发展布局来确定水资源需求并保有应急备用水源,以此来增强供水能力和抗旱应急能力。加强节水宣传教育,推广先进节水技术设备,理顺水资源管理体制,加强水环境保护,优化水资源配置。加强雨水渗透、滞留、储存、净化和循环利用设施与绿色基础设施建设,提高水资源利用效率。

面对海平面上升对瓜达尔港带来的风险威胁,应有针对性开展相关研究,从而在项目工程规划设计中考虑海平面上升因素时能有可靠的科学参考依据。应加强海岸防护工程建设,提高防御等级。合理开采地下水,控制地面沉降。加强海平面上升监测,提高防范与应对其带来的海洋灾害风险能力。

## 5.7 小 结

瓜达尔港位于中巴经济走廊最南端,是中巴两国重点合作项目之一,对"一带一路"合作框架下"多港"建设具有重要意义。本章以瓜达尔港为例,开展了"一带一路"合作项目所在地气候变化与极端事件研究,分析了影响与风险,并提出了应对策略。

基于多源数据的分析与预估表明,瓜达尔港当前与未来面临极端高温趋多趋重、干旱加剧与水资源短缺、海平面不断上升等气候变化风险,对人们健康、水资源供应、基础设施建设与运营、产业园区、生态环境等产生严重威胁。针对特定的气候灾害风险,有必要采取一系列有效的应对策略,尤其是可操作性强的措施。将来应加强"一带一路"合作项目所在地气候变化、影响与风险研究,并基于具体合作项目的气候灾害风险,采取有效方案与举措进行防范与应对。

第 6 章

# 总结及展望

# 6.1　引　言

近 6 年来,共建"一带一路"不断扎实推进,取得了丰硕的早期成果,获得全球合作伙伴的广泛参与和认同,已发展为最宏大的国际经济合作平台。目前,共建"一带一路"进入高质量发展的新阶段,将继续聚焦互联互通,深化互利共赢的务实合作,推进绿色可持续的共同发展,不断向构建人类命运共同体的愿景目标迈进。同时,共建"一带一路"过程中将需要应对诸多风险挑战,其中一个尤其严峻的共性挑战就是气候变化与极端天气气候灾害风险。

基于 18 个全球气候/地球系统耦合模式 0.25°×0.25°高分辨率降尺度结果,本书采用 12 个极端事件频率与强度指数系统开展了"一带一路"主要合作区极端天气气候未来预估研究。本研究以 1986—2005 年为历史基准时段,集合预估了 RCP4.5(中等)与 RCP8.5(高)排放情景下未来 20 a(2020—2039 年)、21 世纪中叶(2040—2059 年)与 21 世纪末(2080—2099 年)的极端天气气候变化。另外,以瓜达尔港为例,开展了"一带一路"合作项目所在地平均与极端气候变化及影响研究并基于研究成果提供了防范与应对相关风险的策略建议。

本书与之前出版的《"一带一路"主要地区气候变化与极端事件时空特征研究》和《"一带一路"主要区域未来气候变化预估研究》共同提供了"一带一路"气候变化及极端天气气候的系统研究,为将来更深入、更全面地开展相关研究提供了科学基础。

# 6.2　总　结

与 CPC 观测数据对比分析表明,来自 NASA 的经过降尺度到 0.25°×0.25°高分辨率的 18 个全球模式集合平均结果普遍对"一带一路"主要合作区历史时段(1986—2005 年)基于 12 个指数的极端天气气候的空间分布格局与空间平均值具有较高的模拟能力。建立在历史时段评估与检验的基础上,进一步采用 18 个全球模式降尺度数据的集合平均对"一带一路"极端天气气候未来变化进行了预估。

与历史时段相比,"一带一路"主要合作区未来高温日数(日最高气温>32℃)增多关键区主要出现在非洲北部、欧洲中南部、西亚、中亚、南亚、东南亚以及东亚除青藏高原及蒙古国中西部以外的区域(99%信度水平)。同未来时段,高温日数在 RCP8.5 情景下增加更快；同排放情景，高温日数从未来 20 a 至 21 世纪中叶到 21 世纪末不断增加。"一带一路"主要合作区高温日数在 RCP4.5 情景下空间平均值预计在未来 20 a、21 世纪中叶与 21 世纪末分别增多 14.70 d、22.92 d 与 32.05 d；在 RCP8.5 情景下，三个未来时段增多分别为 16.87 d、31.00 d 与 61.86 d。这些变化在统计上均通过了 99% 信度检验。

与历史时段相比，"一带一路"主要合作区未来高温夜数（日最低气温＞25℃）增多关键区主要出现在赤道以北非洲、西亚大部分地区、中亚不少地区、南亚、东南亚许多地区以及中国东部（99% 信度水平）。相同未来时段，RCP8.5 比 RCP4.5 情景下高温夜数上升更快；相同排放情景下，从未来 20 a 推进到 21 世纪末不断增加。"一带一路"主要合作区空间平均而言，在 RCP4.5 与 RCP8.5 情景下，预计高温夜数在未来 20 a 分别显著增加 10.34 d 与 12.43 d，至 21 世纪中叶分别上升 16.86 d 与 24.55 d，到 21 世纪末分别升高 24.48 d 与 55.75 d。

与历史时段相比，"一带一路"主要合作区未来低温日数（日最高气温＜10℃）降低关键区主要在 30°N 以北区域，降幅普遍超过 99% 信度水平，青藏高原、华中、华北与长江中下游地区以及欧洲不少地区下降尤其明显。相同未来时段，低温日数在 RCP8.5 情景下降低更多；同排放情景，低温日数从未来 20 a 至 21 世纪中叶到 21 世纪末不断减少。"一带一路"主要合作区低温日数在 RCP4.5 情景下空间平均值预计在未来 20 a、21 世纪中叶与 21 世纪末分别显著降低 5.32 d、8.34 d 与 11.39 d；在 RCP8.5 情景下，三个未来时段降低值分别为 6.23 d、10.82 d 与 21.94 d。

与历史时段相比，"一带一路"主要合作区未来低温夜数（日最低气温＜5℃）在热带外地区普遍降低，尤其是 30°N 以北地区降幅更大（99% 信度水平）。RCP8.5 情景下的 21 世纪末 30°N 以北地区低温夜数普遍减少 30 d 以上，欧洲许多地区等甚至超过 50 d。

与历史时段相比，"一带一路"主要合作区最热 30 d 日最高温度平均两种情景下未来 20 a、21 世纪中叶与 21 世纪末一致呈现出显著增大（99% 信度水平），最高增温区出现在欧洲中南部至环黑海区域到里海附近一带。在高排放情景下的 21 世纪末，研究区域升温幅度普遍超过 4℃。在 RCP4.5 与 RCP8.5 情景下，预计"一带一路"主要合作区空间平均的最热 30 d 日最高温度平均值在未来 20 a 分别显著升高 1.24℃ 与 1.41℃，至 21 世纪中叶分别升高 1.89℃ 与 2.51℃，而到 21 世纪末则分别上升 2.56℃ 与 5.19℃。

与历史时段相比，"一带一路"主要合作区最冷 30 d 日最高温度平均未来呈现一致的显著升高（99％信度水平），最高升温区主要位于 50°N 以北的广大区域，在 RCP8.5 情景下的 21 世纪末普遍升幅超过 7℃。"一带一路"主要合作区空间平均而言，在 RCP4.5 情景下，预计最冷 30 d 日最高温度平均未来 20 a、21 世纪中叶与 21 世纪末分别显著升温 1.13℃、1.75℃与 2.57℃；而在 RCP8.5 情景下，三个未来时段升温幅度分别为 1.32℃、2.35℃与 5.15℃。

以上总结了基于 4 个极端温度频率指数与 2 个极端温度强度指数的"一带一路"主要合作区未来极端温度变化关键区及空间平均值变化，其中的显著度是指 99％信度水平。总体而言，预计"一带一路"主要合作区未来极端高温频率增多、强度增强，而极端低温则降低。6 个极端温度指数未来变化的模式间不确定性普遍比较低，同时存在明显空间差异，并随着排放浓度升高与未来时段推进而增长。与对极端温度多模式集合预估相比，对"一带一路"主要合作区降水表征极端事件预估空间不均匀性更强，模式间离散度与不确定性更高、信度更低。

对比历史时段，"一带一路"主要合作区未来干天天数（日降水率＜1 mm/d）增加关键区主要位于地中海、中欧、黑海经里海至帕米尔高原以西区域、赤道附近非洲的西部、中国东南部、马来群岛西部，而减少关键区主要出现在欧洲东北部至北亚、青藏高原地区、非洲之角及附近。就"一带一路"主要合作区空间平均而言，RCP4.5 情景下，预计干天天数在未来 20 a、21 世纪中叶和 21 世纪末分别减少 0.50 d、0.78 d 与 1.31 d；在 RCP8.5 情景下，三个未来时段分别降低 0.41 d、0.49 d 与 0.84 d。这些结果都通过了 95％信度检验，但是模式间不确定性较大。

对比历史时段，"一带一路"主要合作区未来中等及以上降水天数（日降水率≥10 mm/d）除了地中海地区以及其他一些区域以外普遍表现为增多，增多关键区主要出现在除西北端以外的赤道附近非洲、南亚湿润区、青藏高原、东南亚、东亚季风区的不少区域、欧洲北部至北亚西部。RCP4.5 情景下，预计"一带一路"主要合作区中等及以上降水天数空间平均值在未来 20 a、21 世纪中叶与 21 世纪末将分别显著增多 0.80 d、1.24 d 与 1.83 d；而在 RCP8.5 情景下，未来三个时段增多值分别为 0.84 d、1.56 d 与 3.11 d。这些变化都通过了 95％信度检验，模式间不确定性随着未来时段不断向前推进而增大。

对比历史时段，"一带一路"主要合作区未来强降水天数（日降水率≥20 mm/d）增多关键区位于刚果盆地及周边、南亚湿润区、青藏高原南部、东南亚、东亚季风区部分区域、欧洲北部一些地区。就"一带一路"主要合作区空间平均而言，预计强降水天数在 RCP4.5 与 RCP8.5 情景下未来 20 a 将分别增多 0.49 d 与 0.53 d，至 21 世纪中叶分别上升 0.75 d 与 0.98 d，到 21 世纪末将分别升高 1.08 d 与 2.01 d(95％信度水平)。

对比历史时段，"一带一路"主要合作区未来年最强 5 d 平均降水量绝大部分区域表现为增加，明显增加关键区主要出现在东亚季风区、贝加尔湖至东北亚、东南亚、青藏高原及南亚湿润区、赤道附近非洲、西欧、环黑海地区。在 RCP4.5 和 RCP8.5 情景下，"一带一路"主要合作区最强 5 d 平均降水量空间平均值预计在未来 20 a 将分别增加 6.17 mm/d 与 6.37 mm/d，至 21 世纪中叶分别升高 6.86 mm/d 与 7.52 mm/d，而到 21 世纪末则分别上升 7.59 mm/d 与 10.24 mm/d (95％信度水平)，模式间不确定性相对不高。

对比历史时段，"一带一路"主要合作区未来最干年份降水量增加显著区主要位于赤道附近非洲不少区域、欧洲东北部至北亚、东亚季风区一些区域、东南亚、青藏高原与南亚湿润区。同时，地中海地区、环黑海地区与一些其他区域未来最干年份降水量将下降。在 RCP4.5 情景下，预计"一带一路"主要合作区最干年份降水空间平均值在未来 20 a、21 世纪中叶以及 21 世纪末将分别增加 0.04 mm/d、0.07 mm/d 与 0.10 mm/d；而在 RCP8.5 情景下，未来三个时段分别上升 0.04 mm/d、0.08 mm/d 与 0.17 mm/d (95％信度水平)。

对比历史时段，"一带一路"主要合作区未来最湿年份降水量在许多区域表现为增多，增湿关键区主要出现在赤道附近非洲、西欧东北部至北亚、东亚季风区、青藏高原、南亚、东南亚。同时，地中海地区、环黑海地区等一些区域未来最湿年份降水将出现减少。在 RCP4.5 与 RCP8.5 情景下，预计"一带一路"主要合作区最湿年份降水空间平均值在未来 20 a 分别上升 0.10 mm/d 与 0.14 mm/d，至 21 世纪中叶则分别增加 0.17 mm/d 与 0.22 mm/d，到 21 世纪末则分别升高 0.26 mm/d 与 0.44 mm/d (95％信度水平)。

总体而言，RCP4.5 与 RCP8.5 情景下，预计"一带一路"主要合作区极端天气气候事件将增多增强，并随着未来时段向前推进而不断加剧，面临的气候灾害风险威胁越来越严重。进一步以瓜达尔港为例开展了"一带一路"合作项目所在地气候变化与极端天气气候、影响与风险及应对策略研究。当前与未来，瓜达尔港面临极端高温增多、干旱加剧与水资源短缺、海平面不断上升等严重威胁，应在项目建设与运营过程中进一步采取必要应对策略防范与降低相关灾害风险。

# 6.3　展　望

本书以及之前的研究聚焦在"一带一路"主要合作区,系统开展了气候变化与极端天气气候时空特征、演变规律与未来预估研究,将来应加强影响与风险、应对措施与策略等方面的系统分析。共建"一带一路"以亚欧非互联互通为合作重点,更面向全球伙伴开放并已延伸至大洋洲、美洲。将来应系统开展"一带一路"其他合作区的气候变化以及极端天气气候事实与预估研究,更好地为共建"一带一路"过程中气候变化合作应对及气象灾害风险协同防范提供所需的科学认知与信息。

互联互通是"一带一路"倡议的合作重点,目前已基本完成"六廊六路多国多港"的架构,未来需要精耕细作,深化各方相关务实合作。在应对气候变化与极端天气气候灾害风险方面,将来应针对主要经济走廊区,六路基础设施建设区,重点共建国家,关键节点城市与港口开展系统性、多时空尺度的细致研究,助力"一带一路"互联互通建设的不断推进。

共建"一带一路"的广大发展中伙伴国家对气候变化及极端天气气候更脆弱敏感,受到的不利影响更严重。中国在减缓与适应气候变化、防范与应对气象灾害以及生态环境治理方面积累了丰富的宝贵经验与实践,未来可在气象监测与多源数据集成、气候变化与气象灾害科学研究、减缓与适应气候变化技术、防治与应对灾害措施、大气污染治理等方面与相关发展中国家开展多领域、多层面合作交流,分享中国方案与智慧,推动"一带一路"应对气候变化南南合作计划的顺利实施。

随着共建"一带一路"不断走深走实,将有越来越多的合作项目落地实施。本书分析了瓜达尔港气候变化特征及影响并为潜在风险应对提供了对策建议,将来应对更多合作项目所在地气候变化与气象灾害特征、影响与风险、应对策略等开展研究,更好地防范相关潜在灾害的不利影响,保障合作项目建设、运营中的气候安全。

建立在不断深化的科学认知以及不断完善的应对方案、合作机制、实施路径等的基础上,将"一带一路"应对气候变化与联合国 2030 年议程中的气候行动、清洁能源、消除贫困、负责任的消费与生产、陆地生物、可持续城市与社区等具体可持续发展目标更紧密对接,并与生态环境保护更好结合,增强社会、经济与生态协同共益效应,推动"一带一路"绿色可持续共同发展,保护地球的星球健康。

共建"一带一路"不断向更高质量、更高水平推进,将为区域与全球互利共赢的共同发展繁荣开创更美好未来。将来应集成更多数据、采用与开发更新的方法和技术、开启新思维与新范式和提出新理论,更全面深入开展"一带一路"气候变化与极端天气气候研究,为防治与应对相关风险挑战、促进可持续共同发展和共建绿色美丽"一带一路"提供坚实的科学支撑。

# 参考文献

国家发展和改革委员会,外交部,商务部,2015. 推动共建丝绸之路经济带和 21 世纪海上丝绸之路的愿景与行动[EB/OL]. http://www. xinhuanet. com/world/2015-03/28/c_1114793986. htm.

国家信息中心"一带一路"大数据中心,2018."一带一路"大数据报告 2018[M]. 北京:商务印书馆:219.

环境保护部,外交部,发展改革委员会,等,2017. 关于推进绿色"一带一路"建设的指导意见[Z]. http://www. mee. gov. cn/gkml/hbb/bwj/201705/t20170505_413602. htm.

姜彤,王艳君,翟建青,2018. 气象灾害风险评估技术指南[M]. 北京:气象出版社:298.

雷鸣,2012. 孟加拉国的气候灾害及其治理[J]. 南亚研究季刊(4):92-98.

林而达,许吟隆,蒋金荷,等,2006. 气候变化国家评估报告(Ⅱ):气候变化的影响与适应[J]. 气候变化研究进展,**2**(2):51-56.

刘卫东,宋周莺,刘志高,等,2018."一带一路"建设研究进展[J]. 地理学报,**73**(4):620-636.

毛星竹,刘建红,李同昇,等,2018."一带一路"沿线国家自然灾害时空分布特征分析. 自然灾害学报,**27**(1). DOI:19.13577/j. jnd. 2018. 0101.

秦大河,张建云,闪淳昌,等,2015. 中国极端天气气候事件和灾害风险管理与适应国家评估报告[M]. 北京:科学出版社:319.

任国玉,袁玉江,柳艳菊,等,2016. 我国西北干燥区降水变化规律[J]. 干旱研究,**33**(1):1-19.

生态环境部,2018. 中国应对气候变化的政策与行动 2018 年度报告[R/OL]. http://www. mee. gov. cn/xxgk/tz/201811/P020181129538579392627. pdf.

孙健,廖军,2018."一带一路"气象服务战略研究[M]. 北京:气象出版社:212.

推进"一带一路"建设工作领导小组办公室,2019. 共建"一带一路"倡议进展、贡献与展望[M]. 北京:外文出版社:68.

王伟光,刘雅鸣,2017. 应对气候变化报告:坚定推动落实《巴黎协定》[M]. 北京:社会科学文献出版社:398.

姚遥,罗勇,黄建斌,2012. 8 个 CMIP5 模式对中国极端气温的模拟和预估[J]. 气候变化研究进展,**8**(4):250-256.

翟盘茂,李茂松,高学杰,等,2009. 气候变化与灾害[M]. 北京:气象出版社:152.

张井勇,庄园煌,李超凡,等,2018."一带一路"主要地区气候变化与极端事件时空特征研究[M]. 北京:气象出版社:91.

张井勇,庄园煌,李凯,等,2019."一带一路"主要区域未来气候变化预估研究[M]. 北京:气象出版社:114.

Alfieri L,Burek P,Feyen L,et al,2015. Global warming increases the frequency of river floods in Europe[J]. Hydrol Earth Syst Sci,19:2247-2260.

Ali J,Syed K H,Gabriel H F,et al,2018. Centennial heat wave projections over Pakistan using ensemble

NEX GDDP data set[J]. Earth Systems and Environment，2：437-454.

Amien I，Rejekiningrum P，Pramudia A，et al，1996. Effects of interannual climate variability and climate change on rice yields in Java，Indonesia[J]. Water，Air & Soil Pollution(92)：29-39.

Anyamba A，Chretien J P，Small J，et al，2006. Developing global climate anomalies suggest potential disease risks for 2006-2007[J]. International J Health Geographics，**5**(60). Doi：10. 1186/1476-072X-5-60.

Berrittella M，Bigano A，Tol R S J，et al，2006. A general equilibrium analysis of climate change impacts on tourism[J]. Tourism Management，**27**(5)：913-924.

Berry H，Bowen K，Kjellstrom T，2010. Climate change and mental health：a causal pathways framework[J]. International J Public Health(55)：123-132.

Breshears D D，Allen C D，2002. The importance of rapid，disturbance-induced losses in carbon management and sequestration[J]. Global Ecology and Biogeography(11)：1-5.

Brooks N，2004. Drought in the Africa Sahel：Long-term perspectives and future prospects[J]. Tyndall Centre for Climate Research，Working paper 61. University of East Anglia，Norwich，UK：31.

Bucchignani E，Mercoglinano P，Pantiz H，et al，2018. Climate change projections for the Middle East-North Africa domain with COSMO-CLM at different spatial resolutions[J]. Advances in Climate Change Research，**9**：66-80.

Chevuturi A，Klingaman N P，Turner A G，et al，2018. Projected Changes in the Asian-Australian Monsoon Region in 1.5℃ and 2.0℃ Global-Warming Scenarios[J]. Earth's future，**6**：339-358.

Christensen J H，Hewitson B，Busuioc A，et al，2007. Regional climate projections[C]// Solomon S，Qin D，Manning M，et al. Climate Change 2007. The Physical Science Basis. Contribution of Working Group I to the Fourth Assessment Report of the Intergovernmental Panel on Climate Change. Cambridge，UK and New York：Cambridge University Press：847-940.

Dash S，Jenamani R，Kalsi S，et al，2007. Some evidence of climate change in twentieth-century India[J]. Climatic Change，**85**：299-321.

David K，Daniel S，Zhou D D，et al，2015. Climate change：A risk assessment[R/OL]. http：//www. csap. cam. ac. uk/projects/climate-change-risk-assessment/.

Devoy R J，2008. Coastal vulnerability and the implications of sea-level rise for Ireland[J]. Journal of Coastal Research，**24**(2)：325-341.

Donat M G，Leckebusch G C，Pinto J G，et al，2010. European storminess and associated circulation weather types：Future changes deduced from a multi-model ensemble of GCM simulations[J]. Climate Research，**42**：27-43.

Dosio A，2017. Projection of temperature and heat waves for Africa with an ensemble of CORDEX Regional Climate Models[J]. Climate Dynamics，**49**：493-519

Easterling W and M Apps，2005. Assessing the consequences of climate change for food and forest resources：A view from the IPCC[J]. Climate Change，**70**：165-189.

EEA，2008. Impacts of Europe's changing climate-2008 indicator-based assessment[R]. European Environmental Agency, Copenhagen, Denmark: 19. Doi: 10. 2800/48117.

Eyring V, Cox P M, Flato G M, et al, 2019. Taking climate model evaluation to the next level[J]. Nature Climate Change, **9**: 102-110.

FAO (Food and Agriculture Organization), 2015. Adaptation to climate risk and food security: Evidence from smallholder farmers in Ethiopia [R]. Rome, Italy: 50.

Feng S, Fu Q, 2013. Expansion of global drylands under a warming climate[J]. Atmospheric Chemistry and Physics, **13**(19): 10081-10094. Doi: 10. 5194/acp-13-10081-2013.

Few R, Ahern M, Matthies F, et al, 2004. Floods, Health and Climate Change: A Strategic Review[R]. Tyndall Centre for Climate Change Research, Working Paper 63, University of East Anglia, Norwich, UK: 138.

Freychet N, Hsu H H, Chou C, et al, 2015. Asian summer monsoon in CMIP5 projections: a link between the change in extreme precipitation and monsoon dynamics[J]. J Climate, **28**: 1477-1493 .

Gao J, Yao T, Masson-Delmotte V, et al, 2019. Collapsing glacier threaten Asia's water supplies[J]. Nature, **565**: 19-21.

Golledge N R, Keller E D, Gomez N, et al, 2019. Global environmental consequences of twenty-first-century ice-sheet melt[J]. Nature, **566**: 65-72.

Guo H, 2018. Steps to the digital Silk Road[J]. Nature, **554**: 25-27.

Hashizume M, Wagatsuma Y, Faruque A S, et al, 2008. Factors determining vulnerability to diarrhoea during and after severe floods in Bangladesh[J]. J Water and Health, **6**(3): 323-332.

Hein L, Metzger M J, Moren A, 2009. Potential impacts of climate change on tourism: A case study for Spain [J]. Current Opinion in Environmental Sustainability, **1**: 170-178.

Hertig E, Seubert S, Jacobeit J, 2010. Temperature extremes in the Mediterranean area: trends in the past and assessments for the future[J]. Natural Hazards and Earth System Sciences, **10**(10): 2039.

Hinkel J, Nicholls R J, Vafeidis A T, et al, 2010. Assessing risk of and adaptation to sea-level rise in the European Union: An application of DIVA[J]. Mitigation and Adaptation Strategies for Global Change, **15**: 703-719.

Hu Z, Zhou Q, Chen X, et al, 2017. Variations and changes of annual precipitation in Central Asia over the last century[J]. International J Climatology, 37.

Huang J, Yu H, Guan X, et al, 2016. Accelerated dryland expansion under climate change[J]. Nature Climate Change, **6**: 166-171. Doi: 10. 1038 /nclimate2837

Huang J, Yu H, Dai A, et al, 2017. Drylands face potential threat under 2℃ global warming target[J]. Nature Climate Change. Doi: 10. 1038/NCLIMATE3275.

IPCC, 2007. Coastal systems and low-lying areas[C]// Climate Change 2007. Impacts, Adaptation and Vulnerability. Contribution of Working Group II to the Fourth Assessment Report of the Intergovernmental Panel on Climate Change. Cambridge University Press, Cambridge, UK: 315-356.

IPCC, 2012a. Changes in impacts of climate extremes: Human systems and ecosystems. [C]//Handmer J, Honda Y, Kundzewicz Z W, et al. Managing the Risks of Extreme Events and Disasters to Advance Climate Change Adaptation. A Special Report of Working Groups I and II of the Intergovernmental Panel on Climate Change (IPCC). Cambridge University Press, Cambridge, UK and New York, NY, USA: 231-290.

IPCC, 2012b. Changes in climate extremes and their impacts on the natural physical environment[C]//Seneviratne S I, Nicholls N, Easterling D, et al. Managing the Risks of Extreme Events and Disasters to Advance Climate Change Adaptation. A Special Report of Working Groups I and II of the Intergovernmental Panel on Climate Change (IPCC). Cambridge University Press, Cambridge, UK, and New York, NY, USA: 109-230.

IPCC, 2013. Summary for Policymakers[C]// Stocker T F, Qin D, Plattner G K, et al. Climate Change 2013: The Physical Science Basis. Contribution of Working Group I to the Fifth Assessment Report of the Intergovernmental Panel on Climate Change. Cambridge, United Kingdom and New York: Cambridge University Press.

IPCC, 2014. Climate Change 2014: Synthesis Report[C]//Core Writing Team, Pachauri R K and Meyer L A. Contribution of Working Groups I, II and III to the Fifth Assessment Report of the Intergovernmental Panel on Climate Change. Geneva, Switzerland: IPCC: 151.

IPCC, 2018. Summary for Policymakers. Global warming of 1.5℃[C]// Masson-Delmotte V, Zhai P, Pörtner H O, et al. An IPCC Special Report on the impacts of global warming of 1.5℃ above pre-industrial levels and related global greenhouse gas emission pathways, in the context of strengthening the global response to the threat of climate change, sustainable development, and efforts to eradicate poverty. Geneva, Switzerland: World Meteorological Organization: 32.

Jacobeit J, Hertig E, Seubert S, et al, 2014. Statistical downscaling for climate change projections in the Mediterranean region: Methods and results[J]. Regional Environmental Change, 14(5): 1891-1906.

Jahangir A, Haider S K, Farooq G H, et al, 2018. Centennial Heat Wave Projections Over Pakistan Using Ensemble NEX GDDP data set[J]. Earth Systems and Environment, 2: 437-454

Kitoh A, Endo H, Kumar K K, et al, 2013. Monsoons in a changing world: A regional perspective in a global context[J]. J Geophysical Research Atmospheres, 118(8): 3053-3065.

Kovats R S, Akhtar R, 2008. Climate, climate change and human health in Asian cities[J]. Environment and Urbanization, 20(1): 165-175.

Kshirsagar N, Shinde R, Mehta S, 2006. Floods in Mumbai: Impact of public health service by hospital staff and medical students[J]. J Postgraduate Medicine, 52(4): 312-4.

Kurukulasuriya P, 2006. Will african agriculture survive climate change? [J]. The World Bank Economic Review, 20(3): 367-388.

Laschewski G, Jendritzky G, 2002. Effects of the thermal environment on human health: an investigation of 30 years of daily mortality data from southwest Germany[J]. Climate Research, 21: 91-103.

Lau N, Nath M, 2014. Model simulation and projection of European heat waves in present-day and future climates[J]. J Climate. 27: 3713-3739.

Lehtonen I,Ruosteenoja K,Jylha K,2014. Projected changes in European extreme precipitation indices on the basis of global and regional climate model ensembles[J]. International J Climatology. **34**:1208-1222.

Lelieveld J,Proestos Y,Hadjinicolaou P,et al,2016. Strongly increasing heat extremes in the Middle East and North Africa (MENA) in the 21st century. Climatic Change[J]. **137**:245-260.

Li Z,Chen Y,Fang G,et al,2017. Multivariate assessment and attribution of droughts in Central Asia[J]. Scientific Reports. **7**:1316.

Lipper L,Thornton P,Campbell B M,et al,2014. Climate-smart agriculture for food security[J]. Nature Climate Change,**4**(12):1068-1072. Doi:10. 1038/nclimate2437.

Lugeri N,Kundzewicz Z W,Genovese E,et al,2010. River flood risk and adaptation in Europe-assessment of the present status[J]. Mitigation and Adaptation Strategies for Global Change,**15**(7):621-639. Doi:10. 1007/s11027-009-9211-8.

Ma S, Zhou T,2015. Observed trends in the timing of wet and dry season in China and the associated changes in frequency and duration of daily precipitation[J]. International J Climatology,**35**(15):4631-4641.

McGregor G R ,Pelling M,Wolf T,et al,2007. The social impacts of heat waves[J]. Environment Agency, Bristol,41.

McMichael A J,Woodruff R E,Hales S,2006. Climate change and human health:Present and future risks[J]. The Lancet,**367**:859-869.

McMichael A J,Wilkinson P,Kovats R S,et al,2008. International study of temperature,heat and urban mortality:the 'ISOTHURM' project[J]. International J Epidemiology,**37**:1121-1131.

Molua E L, Lambi C M,2006. The economic impact of climate change on agriculture in Cameroon[C]. CEEPA Discussion Paper No. 17,Centre for Environmental Economics and Policy in Africa,Pretoria,South Africa:33.

Mora C,Spirandelli D,Franklin E C,et al,2018. Broad threat to humanity from cumulative climate hazards intensified by greenhouse gas emissions[J]. Nature Climate Change,**8**(12):1062-1071. Doi:10. 1038/s41558-018-0315-6.

Neria Y,Nandi A,Galea S,2008. Post-traumatic stress disorder following disasters:A systematic review[J]. Psychological Medicine,**38**:467-480.

Nicholls R J,Hanson S,Herweijer C,et al,2008. Ranking port cities with high exposure and vulnerability to climate extremes:Exposure estimates[C]. OECD ENV/WKP 2007-1,Organisation for Economic Co-operation and Development,Paris,France:62.

OECD-FAO,2008. OECD-FAO Agricultural Outlook 2008-2017,Highlights[C]. Organisation for Economic Co-operation and Development and Food and Agriculture Organization,Paris,France:72. http://www. fao. org/es/ESC/common/ecg/550/en/AgOut2017E. pdf.

Opdam P, Wascher D,2004. Climate change meets habitat fragmentation:Linking landscape and biogeographical scale levels in research and conservation[J]. Biological Conservation,**117**:285-297.

PACJA,2009. The economic cost of climate change in Africa[J]. The Pan African Climate Justice Alliance,

Nairobi,Kenya,49.

Pandey S,Behura D, Villano R, et al,2000. Economic costs of drought and farmers' coping mechanisms: A study of rainfed rice systems in Eastern India[C]. IRRI Discussion Paper Series 39,International Rice Research Institute,Los Banos,Philippines:35.

Pendergrass A G,Hartmann D L,2014. Changes in the distribution of rain frequency and intensity in response to global warming[J]. J Climate,**27**(22):8372-8383.

Peng D,Zhou T,Zhang L,et al,2019. Reduced intensification of extreme climate events over Central Asia from 0.5℃ less warming[J]. Submitted to Climate Dynamics.

Raghavan S,Hur J,Liong S,2018. Evaluations of NASA NEX-GDDP data over Southeast Asia: Present and future climates[J]. Climatic Change,**148**:503-518

Ranger N,Hallegatte S,Bhattacharya S,et al,2011. An assessment of the potential impact of climate change on flood risk in Mumbai[J]. Climatic Change,**104**:139-167.

Rashmi Sharma,Bangladesh, SAARC,2007. Environmental change in Bangladesh[M]. New Delhi: Regal Publication:155.

Rich P M,Breshears D D,White A B,2008. Phenology of mixed woody-herbaceous ecosystems following extreme events: Net and differential responses[J]. Ecology,**89**(2): 342-352.

Richard Y,Fauchereau N,Poccard I,et al,2001. 20th century droughts in Southern Africa: Spatial and temporal variability,teleconnections with oceanic and atmospheric conditions[J]. International J Climatology, **21**: 873-885.

Rockström J,et al,2017. Sustainable intensification of agriculture for human prosperity and global sustainability[J]. Ambio,**46**(1): 4-17. Doi:10.1007/s13280-016-0793-6.

Saenz R,Bissell R A,Paniagua F,1995. Post-disaster malaria in Costa Rica[J]. Prehospital Disaster Medicine, **10**(3): 154-160.

Schoetter R,Cattiaux J,Douville H,2014. Changes of western European heat wave characteristics projected by the CMIP5 ensemble[J]. Climate Dynamics. Doi: 10.1007/s00382-014-2434-8

Scholes R J,Biggs R,2004. Ecosystem services in southern Africa: A Regional Assessment. A contribution to the Millennium Ecosystem Assessment[M]. CSIR,Pretoria,South Africa:76. http://www. icp-confluence-sadc. org/sites/default/files/SAfMA_Regional_Report_-_final. pdf.

Schwierz C,Köllner-Heck P,Mutter E Z,et al,2010. Modelling European winter wind storm losses in current and future climate[J]. Climatic Change,**101**: 485-514.

Scott D,Amelung B,Becken S,et al,2008. Climate change and tourism: Responding to global challenges[R]. United Nations World Tourism Organization,Madrid,Spain:256.

Shen C,Wang W C,Hao Z,et al,2008. Characteristics of anomalous precipitation events over eastern China during the past five centuries[J]. Climate Dynamics,**31**(4): 463-476. Doi:10.1007/s00382-007-0323-0.

Singh D,Tsiang M,Rajaratnam B, et al,2014. Observed changes in extreme wet and dry spells during the south Asian summer monsoon season[J]. Nature Climate Change,**4**:456-461.

Smith D E,Raper S B,Zerbini S,et al,2000. Proceedings of the climate change and sea level research in Europe [M]. Office for Official Publications of the European Communities,Luxembourg:247.

Stouffer R J,Eyring V,Meehl G A,et al,2017. CMIP5 scientific gaps and recommendations for CMIP6 [J]. Bulletin of the American Meteorological Society,**98**(1):95-105.

Su B,Huang J L,Fischer T,et al,2018. Drought losses in China might double between the 1. 5℃ and 2. 0℃ warming[J]. Proceedings of the National Academy of Sciences of the United States of America,**115**(42): 10600-10605.

Swiss Reinsurance Company,2009. The Effects of Climate Change:An Increase in Coastal Flood Damage in Northern Europe[R]. Focus Report, Zurich, Switzerland. https://media. swissre. com/documents/the_ effects_of_climate_change_an_increase_in_coastal_flood_damage_in_northern_europe. pdf

Tanarhte M,Hadjinicolaou P,Lelieveld J,2015. Heat wave characteristics in the Eastern Mediterranean and Middle East using extreme value theory[J]. Climate Research,**63**:99-113.

Thomas M F,Thorp M B,2003. Palaeohydrological reconstructions for tropical Africa-evidence and problems [C] //Benito G, Gregory K J,John Wiley,et al. Palaeohydrology:Understanding Global Change,Chichester,UK:167-192.

Toole M J,1997. Communicable diseases and disease control[M]//The Public Health Consequences of Disasters. Oxford University Press,New York,NY:79-100.

Tsubo M,Fukai S,Basnayake J,et al,2009. Frequency of occurrence of various drought types and its impact on performance of photoperiod-sensitive and insensitive rice genotypes in rainfed lowland conditions in Cambodia[J]. Field Crops Research,**113**: 287-296.

UNCTAD,2009. Multi-year expert meeting on transport and trade facilitation:Maritime transport and the climate change challenge,16-18 February 2009[R]. Summary of Proceedings,UNCTAD/SDTE/TLB/2009/ 1,UN Conference on Trade and Development,Geneva,Switzerland:47.

UN Environment 2019. Global environment outlook-GEO-6:Summary for Policymakers[J]. Nairobi. Doi:10. 1017/9781108639217.

UNISDR,2015. Sendai Framework for Disaster Risk Reduction 2015 - 2030[R/OL]. https://www. unisdr. org/we/inform/publications/43291.

UNISDR,2018. Economic losses,poverty and disaster 1998-2017[R/OL]. https://www. unisdr. org/files/ 61119_credeconomiclosses. pdf.

UNWTO,2003. Tourism,peace,and sustainable development for Africa:Luanda,Angola,29-30 May 2003 [M]. United Nations World Tourism Organization,Madrid,Spain:276.

Vörösmarty C J,Douglas E M,Green P A,et al,2005. Geospatial indicators of emerging water stress:An application to Africa[J]. Ambio,**34**: 230-236.

Watts N,Adger W N,Agnolucci P,et al,2015. Health and climate change:Policy responses to protect public health[J]. Lancet,**386**:1861-1914.

Watts N,Amann M,Arnell N,et al,2018. The 2018 report of the Lancet Countdown on health and climate change: Shaping the health of nations for centuries to come[J]. Lancet:2479-2514.

WEF (World Economic Forum),2019. The global risks report 2019[R/OL]. https://www.weforum.org/reports/the-global-risks-report-2019.

Wen S S,Wang A Q,Tao H,et al,2018. Population exposed to drought under the 1.5℃ and 2.0℃ warming in the Indus River Basin[J]. Atmospheric Research,12(3): 296-305.

Widawsky D A,O'Toole J C,1990. Prioritizing the rice biotechnology research agenda for Eastern India[M]. New York,NY:Rockefeller Foundation Press:86.

WMO, 2019. WMO statement on the state of the global climate in 2018, WMO-No. 1233[M/OL]. https://library.wmo.int/index.php? lvl=notice_display&id=20799#.XUkFC_ZuJPZ

Xu Y,Ramanathan V,Victor D G,2018. Global warming will happen faster than we think[J]. Nature,**564**:30-32.

Zhang W X,Zhou T J,Zou L W,et al,2018. Reduced exposure to extreme precipitation from 0.5℃ less warming in global land monsoon regions[J]. Nature Communications,**9**. Doi:10.1038/s41467-018-05633-3.

Zhou B,Wen Q,Xu Y,et al,2014. Projected changes in temperature and precipitation extremes in China by the CMIP5 multimodel ensembles[J]. J Climate,**27**(17):6591-6611.

Zhou T,Sun N,Zhang W,et al,2018. When and how will the Millennium Silk Road witness 1.5℃ and 2℃ warmer worlds? [J]. Atmospheric and Oceanic Science Letters,**11**(2): 180-188.

# Summary

The Belt and Road Initiative (BRI) raised by Chinese President Xi Jinping has made solid and remarkable progresses, and produced growing positive influences on common developments in the past 6 years. The focuses of the BRI are Asia, Europe and Africa, yet it is open to the whole world and welcomes all partners. Nowadays, the BRI has evolved to as the greatest platform for international cooperation in the world, offering unprecedented opportunities and prospects for the global community. Under global warming, frequently occurred extreme weather and climate events have produced profound negative impacts on human society, the environments, and natural systems over the BRI regions and also the whole world. These adverse impacts are likely to become more profound and severe in the foreseeable future, in particular posing greater pressures over the BRI regions. Therefore, urgent efforts and effective actions need to be taken to prevent, reduce and manage the disaster risks of extreme weather and climate events based on scientific research and knowledge in jointly advancing high-quality and high-level BRI. However, future spatial-temporal changes of extreme events in the BRI regions remain poorly understood.

In this book, we provide systematic studies of future changes of weather and climate extremes in major BRI regions [18°W — 146°E, 10°S — 66°N] based on Multiple Model Ensemble (MME) projections with 0.25° downscaled data for 18 CMIP5 models under RCP4.5 and RCP8.5 scenarios of greenhouse gas emissions from the NEX-GDDP project of NASA. 12 temperature- and precipitation-based indices of weather and climate extremes are adopted, and future projections are for three periods including the next 20 years (2020—2039), and the middle (2040—2059) and the end (2080—2099) of the 21st century given relative to the reference period 1986—2005.

MME projections with 0.25° downscaled data for 18 global models indicate that daytime high temperature extremes will become more frequent over major BRI regions in three future periods under two emission scenarios. Hot spots of highly increasing hot days (i. e. ,when daily maximum temperature >32℃) mainly encompass northern Africa,Central and southern Europe,West Asia,Central Asia,South Asia,Southeast Asia and East Asia except for Tibetan Plateau and western-central Mongolia. Under RCP4. 5 scenario,hot days averaged over major BRI regions are projected to significantly ($P<0.01$) rise by 14. 70 d,22. 92 d and 32. 05 d for the next 20 years (2020－2039),and the middle (2040－2059) and the end (2080－2099) of the 21st century relative to the historical reference period of 1986－2005,respectively. In comparison,the increases of hot days averaged over major BRI regions under RCP8. 5 scenario are projected to become significantly larger for all three future periods with magnitudes of 16. 87 d,31. 00 d and 61. 86 d.

In all three future periods under RCP4. 5 and RCP8. 5 scenarios,nighttime high temperature extremes are projected to occur more frequently. Hot spots of highly increasing hot nights (Daily minimum temperature >25 ℃) mainly appear over Africa north of the equator,most of West Asia,many areas of Central Asia, South Asia,many areas of Southeast Asia,and Eastern China. Averaged over major BRI regions under RCP4. 5 and RCP8. 5 scenario,hot nights based on MME projections will increase significantly ($P<0.01$) by 10. 34 d and 12. 43 d by the next 20 years,16. 86 d and 24. 55 d by the middle of the 21st century,and 24. 48 d and 55. 75 d by the end of the 21st century relative to 1986－2005.

MME results project that daytime and nighttime cold extremes will become less frequent over major BRI regions in three future periods under two emission scenarios. Key regions with largely decreased cold days (Daily maximum temperature <10℃) mainly appear over these regions north of 30°N,particularly Tibetan Plateau,Central China,North China and the middle and lower reaches of the Yangtze River Valley,and many areas of Europe. Under RCP4. 5 and RCP 8. 5 emission scenarios,cold days averaged over major BRI regions are projected to reduce significantly ($P<0.01$) by 5. 32 d and 6. 23 d by the next 20 years,8. 34 d and 10. 82 d by the middle of the 21st century,and 11. 39 d and 21. 94 d by the end of the 21st century relative to 1986—2005. Over these regions north of 30°N under RCP8. 5 scenario, it is projected that cold nights (Daily minimum temperature <5℃) will generally reduce by above 30 d by the end of the 21st century ($P$ <0. 01).

MME projections show that maximum 30 d daily maximum temperature means will consistently and significantly ($P$<0. 01) increase over major BRI regions for three future periods under two emission scenarios. By the end of the 21st century under RCP8. 5 scenario, warming magnitudes will generally be higher than 4℃ among the whole study areas. There will be highest increases over Central and southern Europe, the region surrounding the Black Sea and some areas surrounding the Caspian Sea. Averaged over major BRI regions under RCP4. 5 and RCP8. 5 scenarios, maximum 30 d daily maximum temperature means are projected to rise significantly by 1. 24℃ and 1. 41℃ by the next 20 years, 1. 89℃ and 2. 51℃ by the middle of the 21st century, and 2. 56℃ and 5. 19℃ by the end of the 21st century relative to 1986—2005.

There will be consistent and significant ($P$<0. 01) increases in minimum 30-day daily maximum temperature means over major BRI regions for future three periods under two scenarios according to MME projections. The strongest warming will appear over these regions north of 50°N, and will generally exceed 7℃ by the end of the 21st century under RCP8. 5 scenario. By the next 20 years, and the middle and the end of the 21st century under RCP4. 5 scenario, minimum 30 d daily maximum temperature means averaged over major BRI regions are projected to rise significantly by 1. 13℃ , 1. 75℃ and 2. 57℃ relative to 1986—2005. Under RCP8. 5 scenario, the warming magnitudes will be 1. 32℃ , 2. 35℃ and 5. 15℃ by the next 20 years, and the middle and the end of the 21st century.

We summarize above projected changes in the frequency and intensity of temperature extremes and highlight key regions according to MME results. As a whole, it is very likely that the frequency and magnitude of hot extremes will increase when decreases in cold extremes will occur over major BRI regions. In general, model uncertainties are low or modest for future projections of temperature extremes, and the confidence levels are high with regard to 6 temperature-based indices. In comparison, the model spreads and uncertainties of future projections of extreme events based on 6 precipitation-based indices are larger than those for temperature extremes. Changes in extreme events related with precipitation are generally complex and spatially heterogeneous. Then, we presents the key conclusions for precipitation-related extreme events over major BRI regions.

It is projected that for future three periods under two emission scenarios, changes in dry days (Daily precipitation $<1$ mm/d ) have similar spatial patterns with high inhomogeneity in major BRI regions. key regions with increasing dry days are mainly located in the Mediterranean region and Central Europe, land areas from the Black Sea through the Caspian Sea to the region west of Pamir Plateau, western part of Africa around the equator, southeastern China, and western part of Malay Archipelago. There will be significant ($P<0.05$) decreases in dry days over the region from northeastern Europe to North Asia, Tibetan Plateau, and Horn of Africa. Under RCP4. 5 scenario, dry days averaged over major BRI regions are projected to decrease by 0. 50 d, 0. 78 d and 1. 31 d for the next 20 years, and the middle and the end of the 21st century relative to 1986—2005. Under RCP8. 5 scenario, the decreasing magnitudes will be 0. 41 d, 0. 49 d and 0. 84 d for future three periods.

The frequency of heavy precipitation (Daily precipitation $\geqslant 10$ mm/d) will increase over major BRI regions except for the Mediterranean region and some other areas for future three periods under two emission scenarios according to MME projections. Large increases in heavy precipitation days are projected to occur over many areas of Africa around the equator, humid areas of South Asia, Tibetan Plateau, Southeast Asia, many areas of East Asian summer monsoon region, and the region from northern Europe to western North Asia. Under RCP4. 5 scenario, heavy precipitation days averaged over major BRI regions are likely to significantly ($P<0.05$) rise by 0. 80 d, 1. 24 d and 1. 83 d by the next 20 years, and the middle and the end of the 21st century relative to 1986—2005. Under RCP8. 5 scenario, the increasing magnitudes of heavy precipitation days will be 0. 84 d, 1. 56 d and 3. 11 d for future three periods.

It is projected that many areas of major BRI regions will experience more frequent very heavy precipitation events in the future under two emission scenarios. Key regions with large increases in very heavy precipitation days (Daily precipitation $\geqslant 20$ mm/d) encompass Congo Basin and its surroundings, humid areas of South Asia, Southeast Asia, some areas of East Asian summer monsoon region, and some areas of northern Europe. Under RCP4.5 and RCP8.5 scenarios, very heavy precipitation days averaged over major BRI regions are projected to significantly ($P<0.05$) rise by 0.49 d and 0.53 d by the next 20 years, 0.75 d and 0.98 d by the middle of the 21st century, and 1.08 d and 2.01 d by the end of the 21st century relative to 1986−2005.

It is likely that most areas of major BRI regions will experience more intense precipitation extremes in the future under two emission scenarios. Key regions with highly increasing maximum 5 d precipitation are projected to appear over East Asian summer monsoon region, the region from Lake Baikal to Northeast Asia, Southeast Asia, Tibetan Plateau, humid areas of South Asia, Africa around the equator, western Europe, and the region surrounding the Black Sea. Under RCP4.5 and RCP8.5 scenarios, maximum 5 d precipitation averaged over major BRI regions are projected to significantly ($P<0.05$) rise by 6.17 mm/d and 6.37 mm/d by the next 20 years, 6.86 mm/d and 7.52 mm/d by the middle of the 21st century, and 7.59 mm/d and 10.24 mm/d by the end of the 21st century relative to 1986−2005.

MME projections show that annual mean precipitation in driest one of 20 years (i. e. , 1986−2005, 2020−2039, 2040−2059 and 2080−2099) will increase over many areas of major BRI regions while some areas will decrease in the future under two emission scenarios. Strong increases in annual mean precipitation in driest one of 20 years are likely to occur over many areas of Africa around the equator, the region from northeastern Europe to North Asia, some areas of East Asian summer monsoon region, Southeast Asia, Tibetan Plateau and humid areas of South Asia. Under RCP4.5 scenario, annual mean precipitation in driest one of 20 years is projected to significantly ($P<0.05$) rise by 0.04 mm/d, 0.07 mm/d and 0.10 mm/d by the next 20 years, and the middle and the end of the 21st century relative to 1986−2005. Under RCP8.5 scenario, the increases for three future periods will be 0.04 mm/d, 0.08 mm/d and 0.17 mm/d.

For three future period under two emission scenarios, annual mean precipitation in wettest one of 20 years is projected to increase over major BRI regions except for the Mediterranean region and some other areas. Key regions with large increases in annual mean precipitation in wettest one of 20 years mainly encompass Africa around the equator, the region from northeastern part of western Europe to North Asia, East Asian summer monsoon region, Tibetan Plateau, South Asia and Southeast Asia. Averaged over major BRI regions under RCP4.5 and RCP8.5 emission scenarios, it is projected that annual mean precipitation in wettest one of 20 years will significantly ($P < 0.05$) rise by 0.10 mm/d and 0.14 mm/d by the next 20 years, 0.17 mm/d and 0.22 mm/d by the middle of the 21st century, and 0.26 mm/d and 0.44 mm/d by the end of the 21st century relative to 1986−2005.

Finally, we take Gwadar Port as an example to analyze climate change and extreme events, impacts and risks, and strategic options for dealing with disaster disks over places of the BRI cooperation projects. The potential climate-related disasters Gwadar Port faces include increasing hot extreme events, aggravating drought and water resource scarcity, and rising sea levels, and strategies for preventing and reducing these disaster risks and effectively coping with climate change are given.

In october of 2018 and March of 2019, We published *Temporal and Spatial Analyses of Climate Change and Extreme Events over Major Areas of the Belt and Road* and *Future Projections of Climate Change over Major Regions of the Belt and Road*, respectively, in China Meteorological Press. This book together with our previously published two books provides systematic studies of climate change and extreme meteorological events over the last several decades, future different periods over major BRI regions, and contributes substantially to scientific knowledge base for further research on climate change impacts, mitigation and adaptation options, and weather and climate disaster risk management. Our studies are expected to contribute to scientific support for effectively taking climate actions, preventing and reducing meteorological disaster risks, promoting green, beautiful and sustainable Silk Road in jointly advancing high-quality and high-level BRI and building up a community of shared future for the whole humankind.

ZHANG Jingyong

Professor

Institute of Atmospheric Physics, Chinese Academy of Sciences

College of Earth and Planetary Sciences, University of Chinese Academy of Sciences